全国职业院校"十二五"规划教材

钳 工 基 础

陈　刚　刘新灵　主编
高海宝　喻汉芳　主审

化学工业出版社

·北京·

本书从钳工的基础知识入手，以介绍钳工操作步骤和加工方法为重点，突出钳工职业能力，依次介绍了钳工概述、常用量具、划线、锯削、锉削、錾削、孔系加工、攻螺纹与套螺纹、刮削、研磨、矫正与弯曲、铆接、装配、钳工技能训练和考级训练。本书力求内容实用、通俗易懂、图文并茂、理论联系实际，突出实用性和可操作性，可作为高职高专的教学用书，也可作为中等职业学校学生的教学用书。

图书在版编目（CIP）数据

钳工基础/陈刚，刘新灵主编. —北京：化学工业出版社，2013.11（2023.3重印）
全国职业院校"十二五"规划教材
ISBN 978-7-122-18477-1

Ⅰ.①钳… Ⅱ.①陈…②刘… Ⅲ.①钳工-高等职业教育-教材 Ⅳ.①TG9

中国版本图书馆 CIP 数据核字（2013）第 222339 号

责任编辑：高　钰　　　　　　　　　　　　文字编辑：张绪瑞
责任校对：宋　夏　　　　　　　　　　　　装帧设计：刘丽华

出版发行：化学工业出版社（北京市东城区青年湖南街 13 号　邮政编码 100011）
印　　装：大厂聚鑫印刷有限责任公司
787mm×1092mm　1/16　印张 12¼　字数 266 千字　2023 年 3 月北京第 1 版第11次印刷

购书咨询：010-64518888　　　　　　　　售后服务：010-64518899
网　　址：http://www.cip.com.cn
凡购买本书，如有缺损质量问题，本社销售中心负责调换。

定　　价：36.00 元　　　　　　　　　　　　　版权所有　违者必究

前　言

随着国家大力发展装备制造业，社会及企业对技能人才的知识与技能有了更高的要求，需求量也越来越大，职业教育的模式也随之有了新的发展。钳工作为一项传统的工种，在机械零件的生产、装配、维修和保养中有不可替代的作用。为满足企业对技能型人才的需要，丰富和发展钳工基础技术，适应职业技术教育和专业教学改革的需要，我们编写了本书。

本书以理论知识为基础，操作技能为主线，比较全面地介绍了钳工基础操作，力求突出实用性和可操作性，以利于技能型人才的培养。全书共 12 章，内容包括钳工概述、常用量具、划线、锯削、锉削、錾削、孔系加工、攻螺纹与套螺纹、刮削、研磨、矫正与弯曲、铆接、装配、钳工技能训练和考级训练。

本书的内容已制作成用于多媒体教学的 PPT 课件，并将免费提供给采用本书作为教材的院校使用。如有需要，请发电子邮件至 cipedu@163.com 获取，或登陆 www.cipedu.com.cn 免费下载。

全书由陈刚、刘新灵担任主编；高海宝、喻汉芳担任主审；李堃、程立群、吴清任副主编，唐利芬、闵华、张世伟参加编写。陈刚编写第 4、5、6、7、9 章，刘新灵编写第 2、3、8、11 章，李堃编写第 1、13 章，唐利芳、闵华、张世伟共同编写了第 10 章，程立群编写第 12 章，吴清编写第 14、15 章；全书由陈刚统稿。本书在编写过程中得到董晓华正高级工程师和孙爱新高级技师的指点，也得到其他老师们的积极支持与帮助，在此一并表示感谢。

由于编者水平有限，在编写过程中难免会有不足之处，敬请读者和专家指正。

编者

2013 年 10 月

目　　录

第1章　钳工概述及设备场地

1.1　钳工工作的主要内容

　　钳工是以手工工具为主，大多数在台虎钳及其他附属设备上，按照技术要求对工件进行加工、修整，对部件、机器进行装配、调试和对各类机械设备进行维护、检修的工种。

　　钳工是一门具有悠久历史的手工技术。随着科学技术的迅速发展，很多钳工工作被机械所替代，但钳工作为机械加工制造中一种必不可少的工种仍具有相当重要的地位。例如：机械及模具的装配、维修，复杂零件无法用机械设备加工的部位都需要钳工来完成等。其特点是手工操作多、使用的工具简单、灵活性强、适应面广、技术要求高、且操作者本身的技能水平直接影响工作质量。

　　钳工主要基本操作技能包括：测量、划线、錾削、锉削、锯削、钻孔、扩孔、铰孔、锪孔、攻螺纹、套螺纹、弯曲与矫正、铆接、刮削、研磨，以及对部件、机器进行装配、调试、维修和修理等。

1.2　钳工常用设备

　　钳工常用设备有钳工工作台、台虎钳、钻床、砂轮机等。

1.2.1　钳工工作台

　　钳工工作台也称钳工台或钳台桌，高度为 800～900mm。如图 1-1 所示，其主要作用是安装台虎钳和放置工、量具等。钳工台用木材或钢材制成，其式样可根据具体要求和条件决定。台面一般呈长方形，长、宽尺寸由工作需要确定，台虎钳安装到工作台台

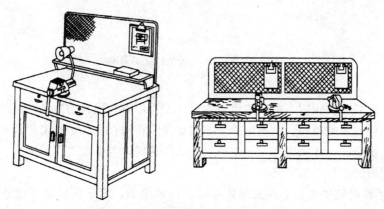

图 1-1　钳工工作台

图 1-2　台虎钳安装高度

面后，钳口的高度与一般操作者的手肘平齐为宜，使得操作方便省力，如图 1-2 所示。钳工的基本操作大多在钳工工作台上进行。

1.2.2　台虎钳

台虎钳是用来夹持工件的通用夹具，也是钳工必备的常用工具。台虎钳的规格用钳口的宽度表示，常用的有 100mm、125mm 和 150mm 三种规格。

其类型有固定式和回旋式两种，如图 1-3 所示，两者的主要构造和工作原理基本相同。由于回旋式台虎钳的钳身可以相对于底座回转，因此能满足各种不同方位的加工需要，使用方便，应用广泛。

回旋式台虎钳如图 1-3（b）所示，活动钳身 10 通过其导轨与固定钳身 7 的导轨结合。螺母 3 固定在固定钳身内，丝杠 11 穿入活动钳身与螺母 3 配合。当摇动手柄 12 使丝杠转动时，就可带动活动钳身移动，从而使活动钳身与固定钳身配合夹紧或松开被夹持工件，活动钳身和固定钳身上都装有钢制钳口 1，且用螺钉 2 加以固定。与工件接触的钳口工作表面上制有交叉斜纹，以防工件滑动，使装夹可靠，钳口经淬硬，以延长使用寿命。固定钳身装在转盘座 6 上，且能绕转盘座的轴线水平转动，当转到所需方向时，扳动手柄 4 使夹紧螺钉旋紧，便可在夹紧盘 5 的作用下把固定钳身紧固。转盘上有三个螺纹孔，用以把台虎钳固定在钳台上。

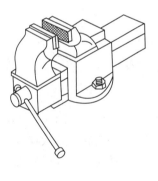

(a) 固定式

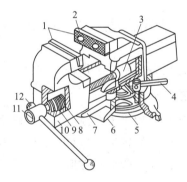

(b) 回旋式

图 1-3　台虎钳

1—钳口；2—螺钉；3—螺母；4,12—手柄；5—夹紧盘；6—转盘座；
7—固定钳身；8—挡圈；9—弹簧；10—活动钳身；11—丝杠

在钳台上安装台虎钳时，使固定钳身的钳口工作面露在钳台的边缘，目的是当夹持长工件时，不受钳台的阻碍。台虎钳必须牢固地固定在钳台上，即拧紧钳台上固定台虎钳的两个夹紧螺钉，不让钳身在工作中产生松动。否则，会影响工作质量。

使用台虎钳时应注意以下几点。

① 夹紧工件时松紧要合适，只能依靠双手拧紧手柄，而不能借助于锤子敲击手柄或加套管扳动手柄，一是防止丝杠、螺母及钳身受损坏，二是防止夹坏工件表面。

② 为使钳口受力均匀，工件应该夹在钳口的中部，且伸出钳口的高度控制在 10mm 以内。

③ 强力作业时，力的方向应朝固定钳身，以免增加活动钳身、丝杠、螺母的负载，影响其寿命。

④ 不能在活动钳身的光滑平面上敲击作业，以防止损坏它与固定钳身的配合性能。

⑤ 工作时尽量使受力方向朝向固定钳身，避免损坏丝杠或螺母的螺纹。

⑥ 对丝杠、螺母等活动表面，应经常清洁、润滑，以防止生锈。

1.2.3　钻床

钻床是一种常用的孔加工机床，钳工常用的钻床根据其结构和适用范围不同分为台式钻床、立式钻床及摇臂钻床三种。

（1）台式钻床　台式钻床是一种小型钻床，一般用来钻直径在 13mm 以下的孔。其规格是指钻孔的最大直径。台式钻床的结构如图 1-4 所示。这种台钻转速高、效率高，结构简单，操作方便，在小型零件的加工、装配和修理工作中得到了广泛的应用。但是，由于台式钻床的最低转速较高，故不适合锪孔和铰孔的加工。

（2）立式钻床　立式钻床一般用来钻中小型工件上的孔，其规格有 25mm、35mm、40mm、50mm 等几种。如图 1-5 所示，立式钻床的结构较完善，功率较大。可实现机动进给，因此可获得较高的生产效率和加工精度。另外，立式钻床的主轴转速和机动进给量都有较好的变动范围，因而可以进行钻孔、扩孔、锪孔、铰孔及攻螺纹等多种加工。

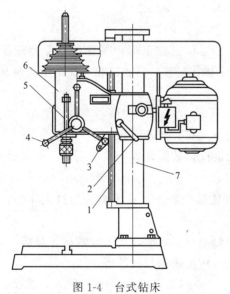

图 1-4　台式钻床

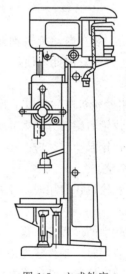

图 1-5　立式钻床

1—丝杠；2—紧固手柄；3—升降手柄；4—进
给手柄；5—标尺杆；6—头架；7—立柱

（3）摇臂钻床　摇臂钻床常用于大工件及多孔工件的钻孔。如图 1-6 所示，摇臂钻床的工作范围很大，摇臂的位置由电动涨闸锁紧在立柱上，主轴变速箱可由电动锁紧装置固定在摇臂上。工件不太大时，可将工件放在工作台上加工。若工件很大，则可直接将工件放在底座上加工。摇臂钻床的主轴变速范围和进给量调整范围都很广，除了用于钻孔外，还能进行扩孔、锪平面、锪孔、铰孔和攻螺纹等加工。

1.2.4 砂轮机

砂轮机主要用来磨削各种刀具或工具，如磨削各种錾子、钻头、刮刀、样冲、划针等，也可以用来清理小零件的毛刺和棱边。砂轮机如图1-7所示，砂轮机由电动机、砂轮机座、机架和防护罩等组成。为了减少尘埃污染，应带有吸尘装置。

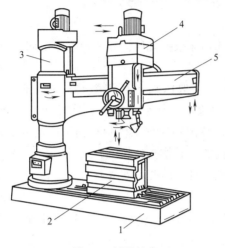

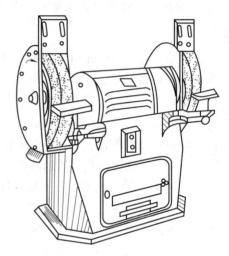

图1-6 摇臂钻床

1—底座；2—工作台；3—立柱；

4—主轴变速箱；5—摇臂

图1-7 砂轮机

砂轮安装在电动机转轴两端，要做好平衡，使其在工作中平稳旋转。砂轮质硬且脆，转速很高，因此，使用时一定要遵循安全操作规程，防止砂轮碎裂造成人身事故或设备事故。

使用砂轮机应注意以下几点。

① 砂轮的旋转方向要正确，以使磨屑向下飞离，而不致伤人。

② 砂轮启动后，应等砂轮平稳后再开始磨削，若发现砂轮跳动明显，应及时停机，报告并修整。

③ 砂轮机在使用时，不能将磨削件与砂轮猛烈碰撞，且不能施加过大压力，防止砂轮碎裂。

④ 磨削的过程中，操作者应站在砂轮的侧面或斜对面，而不应站在正对面。

⑤ 磨削时，工件应左右均匀移动，防止砂轮出现偏斜或凹槽。

⑥ 砂轮机的搁架与砂轮间的距离应保持在3mm以内，以防磨削件轧入，造成事故。

⑦ 应戴保护眼镜，防止细砂粒和铁屑飞入眼内。

1.3 钳工工作场地

钳工的工作场地是指钳工操作时固定的工作地点。为安全生产、提高生产效率和产品质量，应合理安排好工作场地。钳工工作场地有以下几点要求。

① 钳工车间内主要设备应布局合理。钳工工作台是钳工工作最常用的，应将其安放在光线充足、工作方便的地方；面对面使用的钳工工作台应在中间装上安全网；钳台间距要适当；钳工工作台上可安装 36V 以下的工作台灯；钻床应安装在场地的边沿，砂轮机要安放在安全可靠的地方，即使砂轮崩碎飞出也不致伤及人员，必要时甚至可将砂轮机安装在车间外墙沿或者建立单独砂轮机房。

② 钳工车间的场地应保持整洁，做到安全文明生产。工作完毕后，设备、工具均需要清洁或涂油防锈，并放回原来的位置；工作场地要打扫干净，铁屑等污染物要堆放在指定的地点。

③ 夹具、工具和量具要有规划，合理、整齐存放和收藏，并应考虑到方便取用。不允许随意堆放和相互叠压，以防工具和量具受损坏。精密的工具和量具要轻拿轻放，用后及时保养。常用的工具和量具应放在工作台附近，便于顺手取用，工具和量用完后要及时清扫干净和保养。

④ 钳工车间内毛坯和工件的摆放要排列整齐，不允许放置于地面，应放在货架上，以便于工作。

1.4　钳工实训基本规则

1.4.1　钳工实训劳动纪律与安全文明生产规则

① 遵守实训课堂纪律，钳工安全操作规程，设备及工具、夹具、量具保养制度。

② 热爱集体，尊师守纪；互相关心，团结友爱；听从指挥，勤学苦练；爱护公物，保持整洁。

③ 提前 5～10min 进入钳工实训场地，不迟到、早退或旷课，请假要办手续；不得擅自离开工位；不得擅自开动与自己实训工作无关的机床设备。

④ 进入钳工实训场地前必须穿好工作鞋、工作服，工作服袖口应为紧口；不准穿背心、短裤、裙子、拖鞋和高跟鞋；女同学要戴好工作帽，操作机床时严禁戴手套。

⑤ 在实训老师所分配的工位上进行操作，不窜岗，不得随意更换工位或动用其他同学的工具、夹具、量具。

⑥ 工作前应严格检查工具是否完整、可靠，工作场所安全设备是否齐备、牢固。使用前要注意检查，发现损坏和其他故障要立即停止使用。

⑦ 实训操作时不得大声喧哗，嬉笑打闹，不顶撞实训指导老师，不得加工任何私人物品。

⑧ 使用电器设备时，应严格遵守操作规程，防止触电。使用手持电动工具时，应接上漏电开关，并且注意保护导电软线，避免发生触电事故，使用电钻时严禁戴手套工作。

⑨ 每天的实训课程结束后，应清理自己所领的工具、量具等，擦拭干净，按要求放置。

⑩ 使用的机床设备发生故障时，应先停车并切断电源；应立即向实训老师汇报，

电器设备损坏，必须请专职电工进行维修，其他人员不得擅自维修。

⑪ 保持工位的整齐和清洁，不准吸烟，不随地吐痰，乱写乱画；不乱扔废料、杂物、棉纱和纸屑，做到文明生产。

⑫ 工件加工时，特别是錾削时，要相互照应，防止意外事故发生。

⑬ 电器设备使用时，不准擅自将插座、插头拆卸不用；不准直接将电线插入插座中使用。

⑭ 实训结束后应打扫卫生，检查室内设备及公共物品的安全性和完善性。

⑮ 按时下课，做好清洁卫生，关好门窗，关好水、电、油的开关和阀门。

⑯ 不准私自带工具、量具、刀具和零件出实训室。

1.4.2 钳工常用基本工具的使用及保养规则

① 所选用的工具必须齐备、完好、可靠。

② 工作前检查手锤、錾子、锉刀、锯弓等必须完好；手锤应装入楔子，锉刀端与錾子端不得有卷边毛刺。

③ 工作中划线平板应处于水平状态，不应在平板上敲击；划线平板用完后要及时擦净、涂油，不得把与工件无关的物品放在平板上面。

④ 不能把扳手、锉刀和刮刀等当手锤或撬杠使用，以免折断伤人。

⑤ 扳手在使用时，用力大小要适当。活动扳手不准反向使用，不准在扳手中间加垫片扳小件。

⑥ 不准将台虎钳当铁砧用；不准在台虎钳手柄上用加长套管或用手锤敲击变相加力，台虎钳应及时的清扫和保养。

⑦ 禁止使用未安装手柄的锉刀、刮刀等，以免扎破手。

⑧ 在使用什锦锉刀时，不要用力过猛，避免发生危险。

⑨ 刮研工件时，用力要适当，不能用力过猛。研薄工件时，手不可放入透孔中推拉，以免研伤手。

⑩ 在台虎钳上用钳口夹紧表面粗糙度较小的工件时，可用紫铜钳口或软铝钳口，以防将工件夹伤。

⑪ 应爱惜工具，按要求操作，延缓工具使用寿命。

⑫ 工具摆放应整齐有序，拿取方便。

⑬ 工具应按照规定的要求使用，不得擅自拆卸、改装和修理。

⑭ 錾削工作中注意周围人员及自身的安全，防止因挥动工具、工具脱落、铁屑飞溅造成伤害。

⑮ 工具在发放和归还时，须由专职人员检查，并按照规定放置。

1.4.3 钳工常用基本量具的使用及保养规则

① 应遵守量具使用规则，按要求使用。

② 量具在使用前和使用后，必须用清洁棉纱擦拭干净。

③ 毛坯工件，不可使用精密量具进行测量。

④ 机床未停止时，不得使用量具测量机床上的工件。

⑤ 测量工件时，用力不要过大、推力不能过猛。

⑥ 工件的温度过高，不可使用精密量具进行测量。

⑦ 量具使用时，应轻拿轻放，规范测量。

⑧ 普通量具用完后，应整齐地摆放在合适的位置。

⑨ 精密量具用完后，应擦拭干净、涂油，按照要求存放在恒温干燥的位置。

⑩ 不能随意拆卸量具，避免硬物损伤测量表面。

⑪ 认真保养、防止受潮、避免生锈、延缓寿命。

1.4.4　台虎钳的使用及保养规则

① 台虎钳安装在钳台上时，必须使固定钳身的钳口工作面处于钳台边缘之外，以保持夹持长条工件时，工件的下端不受钳台边缘的障碍。

② 台虎钳必须牢固地固定在钳台上，两个夹紧螺钉必须可靠的拧紧，使固定钳身紧固。否则在工作中受到冲击和震动，会损坏台虎钳和影响工作质量。

③ 用台虎钳夹紧工件时，只允许依靠手的力量来扳动手柄，绝对不能用手锤敲击手柄或用加长套管来扳动手柄，以免丝杠、螺母和钳身损坏。

④ 在台虎钳上进行强力作业时，应尽量使力量朝向固定钳身，否则就会增加丝杠和螺母的受力，造成螺纹的损坏。严重时将损坏螺母，造成台虎钳不能使用。

⑤ 活动钳身的光滑平面上，不能进行敲击作业，避免降低它与固定钳身的配合性能。

⑥ 丝杠、螺母要经常清理污物，添加润滑油，保持清洁。这样有利于润滑和防止生锈，延缓台虎钳的使用寿命。

1.4.5　砂轮机的使用及保养规则

① 使用前应检查砂轮有无裂纹，法兰盘螺母是否旋紧，防护罩是否齐全。

② 新装砂轮必须试转 3～5min，观察旋转方向是否正确，检查砂轮轴是否平衡，有无震动和摆动等不正常现象。

③ 开动砂轮后，须等待砂轮转速趋于稳定后方可使用，使用砂轮机时，操作者应站在砂轮的侧面，不应站在正对面，防止砂轮破碎飞出伤人。

④ 在砂轮上磨削时，必须戴口罩、眼罩等防护用品。

⑤ 在砂轮机上操作时，操作者上衣袖要扎紧，手指不可接触砂轮。

⑥ 砂轮应符合标准，不可超负荷使用，避免磨削件与砂轮猛烈碰撞，压力不能太大，以免用力过大挤碎砂轮伤人。

⑦ 薄砂轮不可使用侧面；两人不可同时使用一个砂轮。

⑧ 修理砂轮机时手应抓紧工具，磨细长形工具应向下磨削，以防脱手伤人。

⑨ 砂轮与托架应保持一定的距离，一般为 3mm 为宜，托架应稍低于砂轮中心，以防止磨削件轧入，造成事故。

⑩ 在砂轮上磨削时，工件应左右均匀移动，防止砂轮出现偏斜和凹槽。

⑪ 砂轮上不准磨大工件，磨工具时应按工具类别选择砂轮材料、精度，不要随意乱用。

⑫ 使用砂轮机时，要遵守安全操作规程，防止砂轮碎裂造成人身事故或设备事故。

1.4.6 钻床正确使用及保养规则

① 在钻床上钻孔前，穿好工作服，戴好工作帽。

② 开动钻床，观察转速是否适合，观察旋转方向是否正确，是否有主轴震动和摆动过大等不正常现象。

③ 在钻床上工作时严禁戴手套，钻孔时不准用棉纱靠近钻头或擦工件。

④ 钻孔时，不许用手抓住工件进行钻孔，必须用钳子夹紧或用压板压牢。

⑤ 钻大孔时，应根据钻头扭力大小，选用合适的夹具夹紧或压紧工件。

⑥ 钻床工作台上不许堆放工件、工具和量具。

⑦ 钻孔时，清除钻屑要使用专用工具，不准用手，更不准用口去吹。

⑧ 钻头有缺陷、弯曲或磨损后，根据情况应及时修磨或更换。

⑨ 钻夹头、钻套有问题时，应及时更换。

⑩ 钻大工件用平口钳夹持时，平口钳必须用螺钉压好。

⑪ 钻孔中，必须变换转速时应先停车，变换好后，再开机使用。

⑫ 当钻头将要钻穿工件时，应减小进给压力。

⑬ 钻深孔时应及时排出铁屑。

⑭ 根据工件材料，选择相应的切削液。

第2章 钳工常用量具

量具是加工中测量工件时使用的专用工具。为了保证产品达到规定的技术要求，必须对加工过程中及加工完成的工件进行严格的测量。

随着测量技术的迅速发展，量具的种类也越来越多，根据其用途和特点的不同，量具可分为表 2-1 所列的几类。

表 2-1 量具的分类

量具的分类	使 用 特 点	举 例
通用量具	一般都有刻度，能对多种零件、多种尺寸进行测量，在测量范围内能测量出零件形状、尺寸具体数值	游标卡尺、千分尺、百分表、游标万能角度尺、钢直尺等
极限量规	专门测量零件某一形状、尺寸，它不能测量出零件具体的实际尺寸，只能测量出零件的形状、尺寸是否合格	螺纹量规、花键量规等
标准量具（定值量具）	用来校对和调整其他量具，这类量具的测量值是固定的	量块、角度量块、千分尺校验棒等
量仪	测量准确，精度高	光学量仪、显微镜等

钳工在工作中主要是对工件的直线、曲线、角度以及形状和位置精度进行检查，所以钳工常用量具主要是通用量具、极限量规和标准量具。

2.1 测量概述

2.1.1 计量单位

（1）公制长度单位 机械制造业中的主单位为毫米（mm），1 毫米＝10 丝米（dmm），1 毫米＝100 忽米（cmm），1 毫米＝1000 微米（μm），在工厂车间，习惯将忽米（cmm）称为"丝"。

（2）英制长度单位 在英制长度单位中，1 码＝3 英尺（′）、1 英尺＝12 英寸（in、″）、1 英寸＝8 英分，机械制造业中英制长度主单位为英寸。

（3）公英制换算 $1''=25.4$mm。

（4）平面角的角度计量单位 平面角的角度计量单位分为角度制和弧度制。

① 角度制的单位是度（°）、分（′）、秒（″）。

② 弧度制的单位是弧度（rad）。1 个弧度（rad）＝$180°/\pi=57°17'45''$。

③ 角度制与弧度制的换算：$1°=0.0174533$rad。

2.1.2 检测方法及精度

（1）测量 是指以确定被测对象量值为目的的一组实验操作。

（2）测试 是指具有试验性质的测量。也可理解为试验和测量的全过程。

（3）检验　指只确定被测几何量是否在规定的极限范围之内，从而判断被测对象是否合格，而无需得出具体的量值。

（4）测量精度　测量精度（精准程度）是指测量结果与真值的一致程度。任何测量过程总不可避免出现测量误差，误差大，说明测量结果离真值远，精度低；反之，误差小，精度高。因此精度和误差是两个相对的概念。由于存在测量误差，任何测量结果都只能是要素真值的近似值。以上说明测量结果有效值的准确性是由测量精度确定。

（5）加工精度　加工精度是指零件在加工后，其尺寸、几何形状、相互位置等几何参数的实际数值与理想零件的几何参数相符合的程度。符合程度愈高，加工精度愈高。机械加工精度包括尺寸精度、形状精度和位置精度。

2.1.3　基本计量参数

（1）刻度间距　刻度间距是指标尺或刻度盘上两相邻刻线中心的距离。一般刻度间距为 1～2.5mm。

（2）分度值　分度值又称为读数值，是指标尺或刻度盘上每一刻度间距所代表的量值。常用的分度值有 0.1mm、0.05mm、0.02mm、0.01mm、0.002mm 和 0.001mm 等。

（3）示值范围　示值范围是指计量器具标尺或刻度盘所指示的起始值到终止值的范围。

（4）测量范围　测量范围是指计量器具能够测出的被测尺寸的最小值到最大值的范围。如千分尺的测量范围就有 0～25mm、25～50mm、50～75mm、75～100mm 等多种。

（5）示值误差　示值误差指计量器具的指示值与被测尺寸真值之差。示值误差由仪器设计原理误差、分度误差、传动机构的失真等因素产生，可通过对计量器具的校验测得。

（6）校正值　校正值又称修正值。为消除示值误差所引起的测量误差，常在测量结果中加上一个与示值误差大小相等符号相反的量值，这个量值就称为校正值。

（7）测量力　测量力是指计量器具的测量元件与被测工件表面接触时产生的机械压力。测量力过大会引起被测工件表面和计量器具的有关部分变形，在一定程度上降低测量精度；但测量力过小，也可能降低接触的可靠性，而引起测量误差。

2.2　钢直尺及使用方法

2.2.1　钢直尺的结构

钢直尺是用来测量和划线的一种简单量具，一般用来测量毛坯或尺寸精度不高的工件。常用钢直尺的规格为 0～150mm、0～300mm、0～500mm、0～1000mm、0～2000mm 五种。钢直尺的结构如图 2-1 所示。正面刻有刻度间距为 1mm 的刻线，在下测量面前端 50mm 的范围内还刻有刻度间距为 0.5mm 的刻线，背面刻有公英制换算表或英制单位的刻线。

2.2.2　钢直尺的使用方法

如图 2-2 所示，测量时，尺身端面应与工件远端尺寸起始处对齐，大拇指的指腹顶住尺身下测量面、指甲顶住工件近端并确定工件长度尺寸，读数时，视线应垂直于尺身正面。

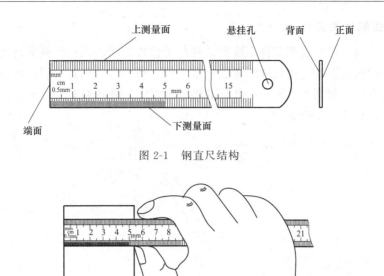

图 2-1 钢直尺结构

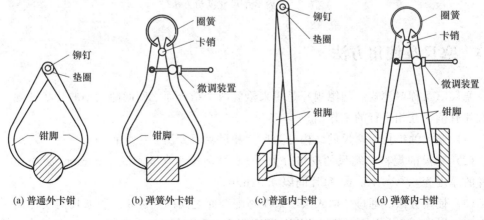

图 2-2 钢直尺握法及测量方法

2.3 卡钳及使用方法

2.3.1 卡钳的结构

卡钳是一种间接测量的简单量具，不能直接显示测量数值，必须与钢直尺或其他能直接显示测量数值的量具配合使用。卡钳分为内卡钳和外卡钳两类，外卡钳又分为普通外卡钳和弹簧外卡钳两种。内卡钳也分为普通内卡钳和弹簧内卡钳两种。外卡钳用来测量外表面尺寸；内卡钳用来测量内表面尺寸。普通外、内卡钳的结构如图 2-3 （a）、（c）所示；弹簧外、内卡钳的结构如图 2-3 （b）、（d）所示。

(a) 普通外卡钳 (b) 弹簧外卡钳 (c) 普通内卡钳 (d) 弹簧内卡钳

图 2-3 卡钳种类与结构

2.3.2　卡钳的使用方法

测量尺寸时，可以先在工件上度量，再与带读数的量具进行比较后得出读数；或者先在带读数的量具上度量出尺寸后再去度量工件。外卡钳与钢直尺、游标卡尺等量具进行尺寸度量方法，如图 2-4 所示。内卡钳可与钢直尺、游标卡尺、外径千分尺等量具进行尺寸度量，如图 2-5 所示。

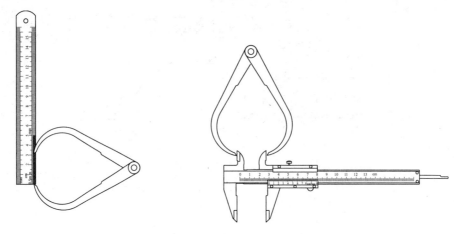

图 2-4　外卡钳尺寸度量方法

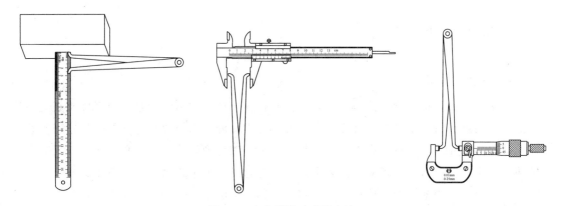

图 2-5　内卡钳尺寸度量方法

2.4　塞尺及使用方法

塞尺（又称厚薄规、间隙规）是用来检验两个结合面之间间隙大小的片状量规。塞尺尺片有两个互相平行的工作面。

（1）塞尺的结构　塞尺的结构分为尺片和尺套，如图 2-6 所示。

（2）塞尺的规格　塞尺的规格分为 1～5 号，长度有 50mm、100mm、200mm 等。尺片的厚度为 0.02～1mm，每片间隔 0.01mm。

（3）使用方法　通过"插入法"来检测配合面之间的间隙量。将塞尺的尺片插入两结合面之间的间隙内来检测其间隙尺寸量值的方法称为塞尺插入检测法，如图 2-7 所示。

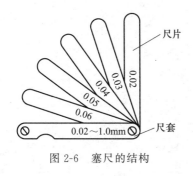

图 2-6 塞尺的结构

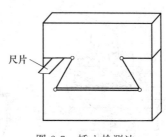

图 2-7 插入检测法

2.5 刀形样板平尺及使用方法

刀形样板平尺又称为刀口尺，用来检验工件平面的直线度和平面度。

（1）刀形样板平尺的结构 刀形样板平尺的结构如图 2-8 所示。

（2）刀形样板平尺的测量范围 测量范围是以尺身测量面长度 L 来表示，有 75mm、125mm、200mm 等多种，精度等级为 0 级和 1 级两种。

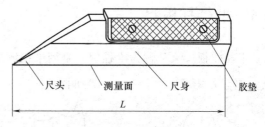

图 2-8 刀形样板平尺

（3）基本检测方法 检测时，尺身要垂直于工件被测表面，要在被测表面的纵向、横向、对角方向多处逐一进行检测，在每个方向上至少要检测三处，以确定各方向的直线度误差，如图 2-9 所示。

塞尺的尺片很薄，容易弯曲和折断，所以在检测时要谨慎用力，用后要擦拭干净，及时合到夹板内并涂上防锈油。

（4）透光估测法 在一定光源条件下，通过目视观察计量器具工作面与被测工件表面接触后其缝隙透光强弱程度来估计尺寸量值的方法称为透光估测法。其具体操作方法如图 2-10 所示，测量面要轻轻地置于被测表面、尺身要垂直于被测表面、视线要与尺身基本构成垂直，在透光箱和其他较强光源条件下，通过目视观察计量器具工作面与被测工件表面接触后其缝隙透光情况来估计其尺寸量值，

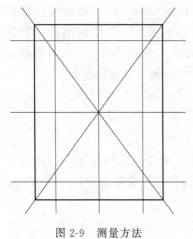

图 2-9 测量方法

透光越弱，间隙量就越小，误差值也就越小。

（5）注意事项 刀形样板平尺应轻轻地置于工件被测表面，改变位置时，不能在工件表面上拖动，应提起后再轻轻地放在另一处被测位置，否则测量面易受到磨损而降低其精度。

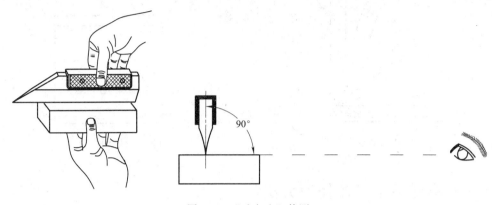

图 2-10 "透光法"估测

2.6 半径样板尺

半径样板尺（又称为半径规）是用来检测平行曲面线轮廓度的量规。

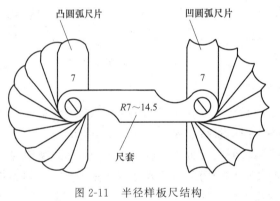

凸圆弧尺片　凹圆弧尺片

图 2-11 半径样板尺结构

（1）半径样板尺结构 半径样板尺的结构如图 2-11 所示。

（2）半径样板尺的测量范围 半径样板尺的测量范围根据尺片圆弧半径分为 $R1 \sim 6.5$mm、$R7 \sim 14.5$mm、$R15 \sim 25$mm 三种。

（3）检测方法 曲面线轮廓精度可采用"透光法"估测间隙量和塞尺"插入法"检测间隙量。在检测时，尺片一定要垂直于被测曲面。

2.7 游标卡尺及使用方法

作为通用量具，游标卡尺是属于中等精度的量具，主要用来测量工件的外径、内径、孔径、长度、宽度、深度、孔距等尺寸。常用的游标卡尺有普通游标卡尺、游标表盘卡尺、游标数显卡尺等。

游标卡尺的规格有 $0 \sim 125$mm、$0 \sim 200$mm、$0 \sim 300$mm 等多种，测量精度有 0.10mm、0.05mm、0.02mm 三种，常见的是 0.02mm。

2.7.1 游标卡尺的结构

常用的普通游标卡尺主要有三用游标卡尺、双面游标卡尺、单面游标卡尺、深度游标卡尺，其结构分别如图 2-12～图 2-15 所示。游标表盘卡尺和游标数显卡尺的结构分别如图 2-16、图 2-17 所示。

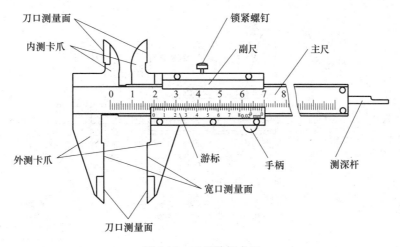

图 2-12　三用游标卡尺

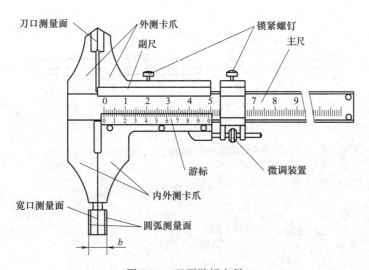

图 2-13　双面游标卡尺

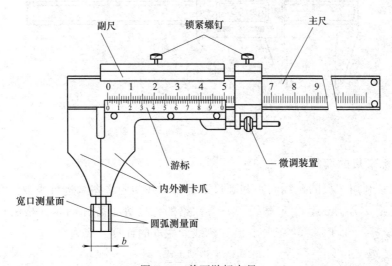

图 2-14　单面游标卡尺

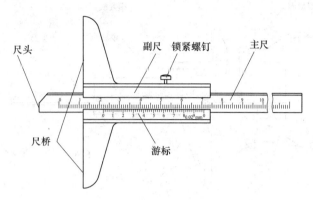

图 2-15　深度游标卡尺

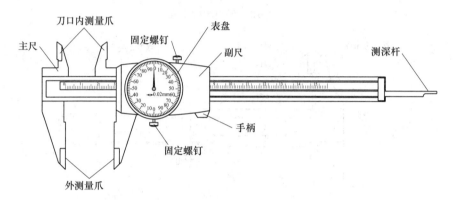

图 2-16　表盘游标卡尺

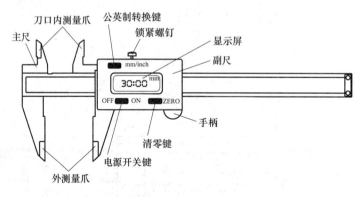

图 2-17　数显游标卡尺

2.7.2　游标卡尺的读数原理

其原理是利用主尺的刻线间距和副尺游标的刻线间距之差来进行小数读数。通常主尺的刻线间距 a 为 1mm，主尺刻线（$n-1$）格的长度等于游标刻线 n 格的长度。常用的有 $n=10$、$n=20$ 和 $n=50$ 三种。游标刻线间距 b 的计算公式为

$$b=\frac{(n-1)\times a}{n}$$

因此相应游标刻线间距 b 有 0.90mm、0.95mm、0.98mm 三种。主尺的刻线间距和副尺游标的刻线间距之差 i 的计算公式为

$$i = a - b$$

所以游标读数值 i 分别为 0.10mm、0.05mm、0.02mm 三种。

2.7.3 游标卡尺的读数方法

游标卡尺测量工件时，读数分三个步骤，如图 2-18 所示。

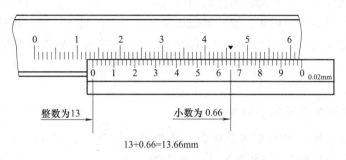

整数为13   小数为0.66

13+0.66=13.66mm

图 2-18 游标卡尺的读数方法

① 先读出主尺身游标刻线的整数部分，即游标 0 刻线与左边尺身最靠近的一条刻线。

② 再读出副尺游标小数部分，即游标刻线哪一条与尺身刻线重合。

③ 将读数的整数部分与读数的小数部分相加所得值为测量的读数。

2.7.4 游标卡尺的使用

① 测量前用软布把量爪和被测量表面擦干净，检查游标卡尺各部件的相互作用，如尺框移动是否灵活，紧固螺钉能否起作用等。

② 使两卡爪并拢，查看游标和主尺身的零刻度线是否对齐，如没有对齐则要记取零误差。

③ 测量外径（或内径）工件时，右手拿住尺身，大拇指推动游标，左手拿待测工件，应先将两量爪张开到略大于被测尺寸，再将固定量爪的测量面紧贴工件，轻推活动量爪至量爪接触工件表面为止，如图 2-19 所示。测量时，游标卡尺测量面的连线要垂

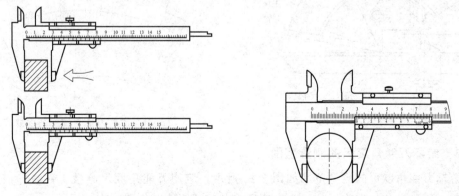

图 2-19 游标卡尺的使用

直于被测表面，不可处于歪斜位置，否则测量值不正确。

④ 读数时，光线明亮，目光应正垂直尺面。

2.8 游标万能角度尺

2.8.1 游标万能角度尺的结构

游标万能角度尺也称万能量角器、角度规和游标角度尺，是一种通用的角度测量工具，它有扇形和圆形两种形式。游标万能角度尺是用来测量工件内、外角度的量具，按游标的测量精度分为 $2'$ 和 $5'$ 两种，适用于机械加工中的内、外角度测量，其测量范围为 $0°\sim320°$ 外角及 $40°\sim130°$ 内角，钳工常用的是测量精度为 $2'$ 的游标万能角度尺，其结构如图 2-20 所示。

2.8.2 游标万能角度尺的读数方法

游标万能角度尺的读数方法与游标卡尺相似，如图 2-21 所示，主刻线每格为 $1°$，游标的刻线是取主的 $29°$ 等分为 30 格，因此游标刻线角格为 $29°/30$，即主尺与游标一格的差值为 $2'$。

先从主尺上读出游标 0 刻线左边的整度数，再从副尺游标上读出与主尺刻线对齐重合为一条线的刻线数，将主尺上读出的度 "$°$" 和副尺上读出的分 "$'$" 相加就是被测的角度数。

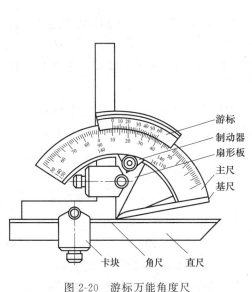

图 2-20 游标万能角度尺

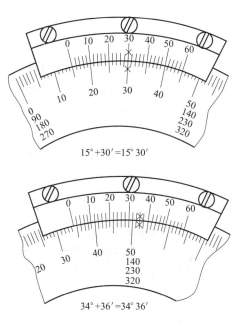

$15°+30'=15°30'$

$34°+36'=34°36'$

图 2-21 游标万能角度尺的读数方法

2.8.3 游标万能角度尺的测量范围

游标万能角度尺的测量范围如图 2-22 所示，应用万能角度尺测量工件时，根据所测角度，通过直角尺和直尺的组合，测量 $0°\sim320°$ 的任何角度。

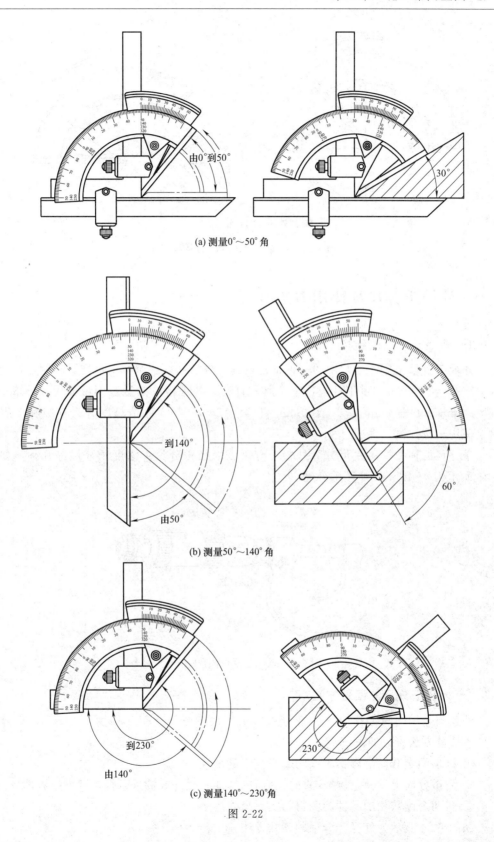

(a) 测量0°～50°角

(b) 测量50°～140°角

(c) 测量140°～230°角

图 2-22

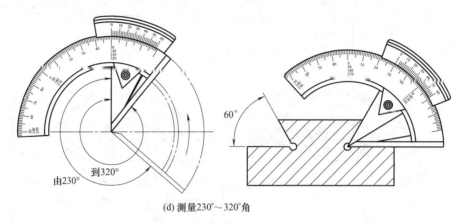

(d) 测量230°~320°角

图 2-22　游标万能角度尺的测量范围

2.9　外径千分尺及使用方法

2.9.1　外径千分尺的结构

外径千分尺是生产中常用的一种精密量具，测量精度比游标卡尺高，其测量精度为 0.01mm。主要用来测量工件长、宽、厚和直径。其规格按测量范围可分为 0~25mm、 25~50mm、50~75mm、75~100mm、100~125mm 等，制造精度分为 0 级和 1 级两种，使用时按被测工件的尺寸选取。

千分尺的种类按用途可分为外径千分尺、内径千分尺、深度千分尺等几种，如图 2-23 所示为 0~25mm 外径千分尺。

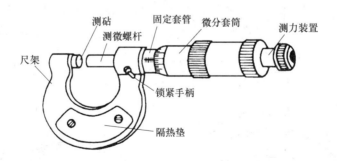

图 2-23　0~25mm 外径千分尺

2.9.2　外径千分尺的读数方法

外径千分尺的固定套筒每一格为 0.5mm，而微分筒上每一格为 0.01mm，千分尺的具体读数方法可分如下三步。

① 读出固定套筒上露出刻线的毫米及半毫米数。

② 看微分筒上哪一刻度线与固定套筒的基准线对齐或接近重合，读出小数部分。

③ 将两个读数相加，即为测得的实际尺寸。

如图 2-24 所示为外径千分尺的读数方法。

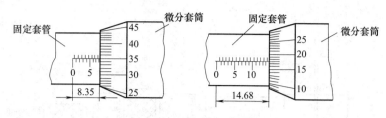

图 2-24　外径千分尺的读数方法

2.9.3　千分尺的使用方法

① 测量前应将千分尺的测量面擦拭干净，不许粘油污等异物，并检查零位的准确性。

② 测量时应将工件的被测量表面擦拭干净，以保证测量正确。

③ 千分尺一般用双手握尺对工件进行测量，为了测量的方便，也可用单手握尺，进行测量。单手测量时，旋转微分筒的力要适当，力的大小与检查零位时的力相同；双手测量时，先转动微分筒，当测量面即将接触工件表面时再转动棘轮，当测微螺杆的测量面接触到工件被测表面后会发出"咔咔"的响声，棘轮一般旋转 2～3 次，应停止转动棘轮，读取测量数值。

④ 测量时，测微螺杆的轴线应垂直于工件被测表面。

⑤ 测量平面尺寸时，一般情况下，测量工件四个角和中间一点，共测量五点；狭长平面测量两头和中间一点，共测量三点。

⑥ 千分尺使用过程中，应轻拿轻放，不可与工具、刀具、工件等放在一起，用后应放入盒内。

⑦ 千分尺使用后应擦拭干净，并在测量砧座上涂防锈油，不要使两砧座旋紧接触，要留出 0.5～1mm 的间隙。

⑧ 定期送计量部门进行保养和精度检测。

2.10　内径千分尺

内径千分尺是利用螺旋副的运动原理进行测量和读数的一种测微量具，用于测量内径等内部尺寸。

内径千分尺的读数原理和读数方法与外径千分尺相同，只是由于用途不同，在外形和结构上有所差异。

2.10.1　卡脚式内径千分尺

卡脚式内径千分尺如图 2-25 所示，它是用来测量中小尺寸孔径、槽宽等内尺寸的一种测微量具。其结构是由圆弧测量面、卡脚、固定套管、微分筒、测力装置和锁紧装置等构成，测量范围为 5～30mm。

2.10.2　接杆式内径千分尺

接杆式内径千分尺如图 2-26（a）所示，用来测量 50mm 以上的内尺寸，其测量范

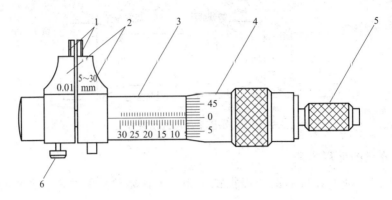

图 2-25　卡脚式内径千分尺

1—圆弧测量面；2—卡脚；3—固定套管；4—微分筒；5—测力装置；6—锁紧装置

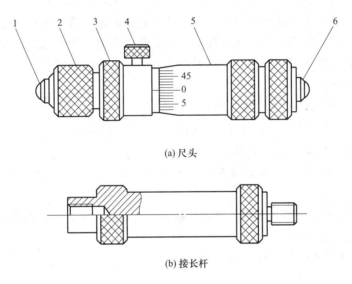

(a) 尺头

(b) 接长杆

图 2-26　接杆式内径千分尺

1,6—测量头；2—保护螺帽；3—固定套管；4—锁紧装置；5—微分筒

围为 50～63mm。为了扩大测量范围，配有成套接长杆，如图 2-26（b）所示，连接时卸掉保护螺帽，把接长杆右端与内径千分尺左端旋合，可以连接多个接长杆，直到满足需要为止。其结构是由测量头、保护螺帽、固定套管、微分筒和锁紧装置等构成。

2.11　深度千分尺

深度千分尺如图 2-27 所示，其主要结构与外径千分尺相似，只是多了一个尺桥而没有尺架。深度千分尺主要用于测量孔和沟槽的深度及两平面间的距离。在测微螺杆的下面连接着可换测量杆，测量杆有四种尺寸，测量范围分别为：0～25mm，25～50mm，50～75mm，75～100mm。

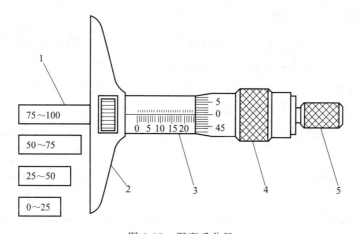

图 2-27　深度千分尺

1—可换测量杆；2—尺桥；3—固定套管；4—微分筒；5—测力装置

2.12　百分表

2.12.1　百分表的结构

常用的百分表有钟面式和杠杆式两种。

钟面式百分表的结构如图 2-28 所示。3 为主指针，10、11 分别为测量头和测量杆，表盘 1 上刻有 100 个等分格，其刻度值为 0.01 mm，常见的测量范围为 0～3mm、0～5mm 和 0～10mm。测量时，测量头移动的距离等于小指针的读数加大指针的读数。

杠杆百分表的结构如图 2-29 所示。

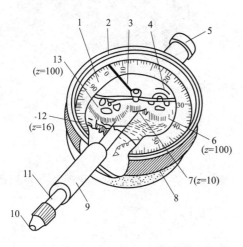

图 2-28　钟面式百分表的结构

1—表盘；2—表圈；3—主指针；4—转数指示盘；

5—挡帽；6,7,12,13—齿轮；8—表体；

9—轴管；10—测量头；11—测量杆

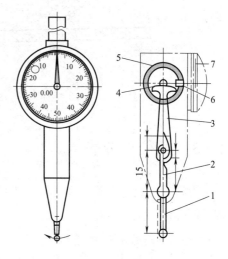

图 2-29　杠杆百分表

1—测量杆；2—拨杆；3—扇形齿轮；

4,6—小齿轮；5—端面齿轮；7—指针

2.12.2　百分表的使用方法

百分表适用于尺寸精度为 IT6～IT8 级零件的校正和检验。按其制造精度，可分为 0、1 和 2 级三种，0 级精度较高。百分表的安装如图 2-30 所示。

使用时，应按照零件的形状和精度要求，选用合适的百分表的精度等级和测量范围。使用百分表时，应注意以下几点。

① 使用之前，应检查测量杆活动的灵活性。轻轻拨动测量杆，放松后，指针能回复到原来的刻度位置。

② 使用百分表时，必须把它牢固地固定在支持架上，如图 2-30 所示，支持架要安放平稳。

③ 用百分表测量时，测量杆必须垂直于被测量表面，否则会使测量杆触动不灵活或使测量结果不准确。

④ 用百分表测量时，测量头要轻轻接触被测表面，测量头不能突然撞在零件上；避免百分表和测量头受到震动和撞击；测量杆的行程不能超过它的测量范围；不能测量表面粗糙或表面明显凸凹不平的工件。

⑤ 用百分表校正或测量工件时，应当使测量杆有一定的初始测力。

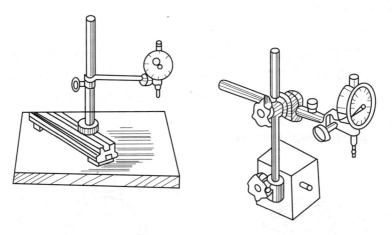

图 2-30　百分表的安装

2.13　内径百分表

内径百分表由百分表和专门表架组成，用于测量孔的直径和孔的形状误差，特别适宜于深孔的测量。

2.13.1　内径百分表的结构

内径百分表的结构如图 2-31 所示，主要由可换测头、表体、直管、推杆弹簧、测量杆、百分表、紧固螺母、推杆、等臂直角杠杆、活动测头、定位护桥、护桥弹簧等构成。

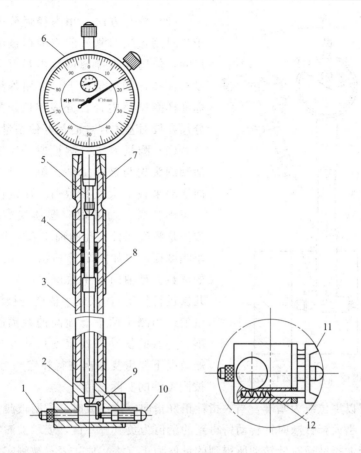

图 2-31　内径百分表的结构

1—可换测头；2—表体；3—直管；4—推杆弹簧；5—测量杆；6—百分表；7—紧固螺母；
8—推杆；9—等臂直角杠杆；10—活动测头；11—定位护桥；12—护桥弹簧

2.13.2　内径百分表的工作原理

其主体是一个三通形式的表体 2，百分表的测量杆 5 与推杆 8 始终接触，推杆弹簧 4 是控制测量力的，并经过推杆、等臂直角杠杆 9 向外顶住活动测头 10。测量时，活动测头的移动使等臂直角杠杆回转，通过推杆推动百分表的测量杆，使百分表指针回转。由于等臂直角杠杆的臂是等长的，因此百分表测量杆、推杆和活动测头三者的移动量是相同的，所以，活动测头的移动量可以在百分表上读出。

护桥弹簧 12 对活动测头起控制作用，定位护桥 11 起找正直径位置的作用，它保证了活动测头和可换测头的轴线与被测孔直径的自动重合。

内径百分表的测量范围由可换测头来确定。

2.13.3　内径百分表的使用方法

（1）组装方法　根据被测工件的基本尺寸，选择合适的百分表和可换测头，测量前应根据基本尺寸调整可换测头和活动测头之间的长度等于被测工件的基本尺寸加上 0.3～0.5mm，然后固定可换测头。接下来安装百分表，当百分表的测量杆测头接触到传动杆后预压测量行程量 0.3～1mm 并固定。

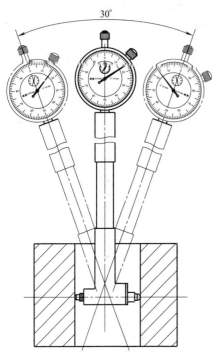

图 2-32　内径百分表测量孔径方法

（2）校对方法　用内径百分表测量孔径属于相对测量法，测量前应根据被测工件的基本尺寸，使用标准样圈调整内径百分表零位。在没有标准样圈的情况下，可用外径千分尺代替标准样圈调整内径百分表零位，要注意的是千分尺在校对基本尺寸时最好使用量块。

（3）测量方法　测量或校对零值时，应使活动测头先与被测工件接触，对于孔应通过径向摆动来找最大直径数值，使定位护桥自动处于正确位置；通过轴向摆动找最小直径数值，方法是将表架杆在孔的轴线方向上作 30°以内的小幅度摆动（如图 2-32 所示），在指针转折点处的读数就是轴向最小数值（一般情况下要重复几次进行核定），该最小值就是被测工件的实际量值。当测量两平行面间的距离时，应通过上下、左右的摆动来找宽度尺寸的最小数值（一般情况下要重复几次进行核定），该最小值就是被测工件的实际量值。

读数时要以零位线为基准，当大指针正好指向零位刻线时，说明被测实际尺寸与基本尺寸相等；当大指针顺时针转动所得到的量值为负（－）值，表示被测实际尺寸小于基本尺寸；当大指针逆时针转动所得到的量值为正（＋）值，表示被测实际尺寸大于基本尺寸。

2.14　正弦规

正弦规是测量锥度值和角度值的常用计量器具。

2.14.1　正弦规测量原理

其原理是利用平台测量法进行测量取值并通过三角函数中正弦关系来间接计算被测工件锥度值和角度值。利用平板、量块、正弦规、指示表和滚柱等计量器具组合进行测量的方法称为平台测量法。

2.14.2　正弦规的结构

正弦规的结构如图 2-33 所示。

2.14.3　正弦规的技术参数

正弦规的技术参数如表 2-2 所示。

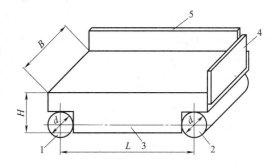

图 2-33　正弦规的结构

1,2—标准圆柱；3—正弦规；4—后挡板；5—侧挡板；
L—标准圆柱中心距；B—正弦规宽度；
d—标准圆柱直径；H—工作平面高度

表 2-2 正弦规的基本参数 mm

形式	精度等级	主 要 尺 寸			
		L	B	d	H
窄型	0 级	100	25	20	30
	1 级	200	40	30	55
宽型	0 级	100	80	20	40
	1 级	200	80	30	55

2.14.4 正弦规测量方法

以图 2-34 中测量圆锥塞规圆锥角为例，将正弦规放在平板上，一标准圆柱与平板接触，另外一标准圆柱下面垫以量块组，使正弦规的工作平面与平板形成一定的圆锥角 α，即

$$\sin\alpha = h/L$$

式中　α——正弦规放置的角度；

　　　h——量块组高度尺寸；

　　　L——正弦规两圆柱的中心距。

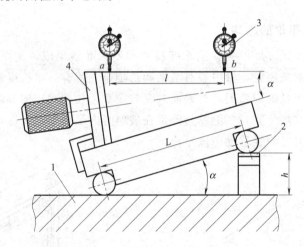

图 2-34　用正弦规测量圆锥塞规

1—平台；2—量块组；3—指示表；4—塞规；

α—圆锥角；h—量块组高度；a、b—两测量点；l—a、b 两测量点的距离

测量前，首先要计算量块组的高度尺寸 h，即

$$h = L\sin\alpha$$

然后将量块组放在平板上与正弦规一标准圆柱接触，此时正弦规的工作平面相对于平板倾斜 α 角。放上圆锥塞规后，用千分表分别测量被测圆锥上 a、b 两点。如果被测的圆锥角等于基本圆锥角（设计给定的），则表示在 a、b 两点的指示值相同，即锥角上母线平行于平板工作面；如果被测角度有误差，则表示 a、b 两点示值必有一差值 n，n 与 a、b 两点距离 l 之比为锥度误差 Δ_c（考虑正负号），即

$$\Delta_c = n/l$$

式中 n，l 的单位均取 mm。

锥度误差乘以弧度对秒的换算系数后，即可求得锥角误差 Δ_α，即

$$\Delta_\alpha = 2\Delta_c \times 10^5$$

式中 Δ_α 的单位为秒（"）。

2.15 水平仪

水平仪又叫水平尺，是一种测量小角度的精密量具，主要用来检验零件或周母线的水平度，零件之间相对位置的平行度、垂直度等。水平仪是机械设备安装、调试和精度检验的常用量具之一。水平仪分为条形、方框式、光学合像三种，其规格有 100mm、150mm、200mm、250mm、300mm 等几种。

2.15.1 条式水平仪的结构

条式水平仪的结构如图 2-35 所示。其结构是由主水准器、调整水准器、零位调整装置、本体、V 形工作面和平底工作面组成。条式水平仪的规格有 200mm 和 300mm 两种。

2.15.2 方框式水平仪的结构

方框式水平仪由正方形框架、主水准器和调整水准器组成，如图 2-36 所示。其中水准器是一个封闭的玻璃管，管内装有酒精和乙醚，并留有一定长度的气泡。玻璃管内表面制成一定曲率半径的圆弧面，外表面刻有与曲率半径相对应的刻线。因为水准器内的液面始终保持在水平位置，气泡总是停留在玻璃管内最高处，所以当水平仪倾斜一个角度时，气泡将相对于刻线移动一段距离。

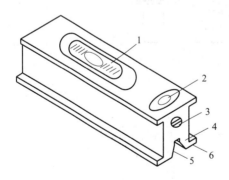

图 2-35 条式水平仪的结构

1—主水准器；2—调整水准器；3—零位调整装置；
4—本体；5—V 形工作面；6—平底工作面

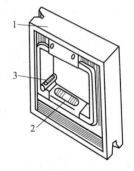

图 2-36 方框式水平仪

1—正方形框架；2—主水准器；3—调整水准器

2.15.3 水平仪的读数方法

（1）直接读数法 水准器气泡在中间位置时读作零。以零刻线为基准，气泡向任意一端偏离零线的格数，就是实际偏差的格数。通常都把偏离起端向上的格数作为 "＋"，而把偏离起端向下的格数作为 "－"。如图 2-37 所示为＋2 格。

（2）平均值读数法　当水准器的气泡静止时，读出气泡两端各自偏离零线的格数。然后将两格数相加除以 2，所得到的平均值即为读数。如图 2-38 所示，气泡右端偏离零线为＋4 格，气泡左端偏离零线为＋3 格，其平均值为 ［（＋4）＋（＋3）］/2＝3.5 格，平均值读数为＋3.5 格，右端比左端高 3.5 格。平均值的读数方法不受环境温度的影响，读数值准确，精度高。

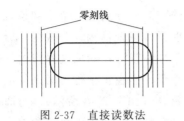

图 2-37　直接读数法　　　　　　　　图 2-38　平均值读数法

2.15.4　水平仪的注意事项

① 零值的调整方法，将水平仪的工作底面与检验平台或被测表面接触，读取第一次读数，在原处旋转水平仪 180°，读取第二次读数，两次读数的代数差的 1/2 为水平仪零值误差。

② 普通水平仪的气泡在中间位置，表明零值正确。

③ 测量过程中，等气泡稳定后再读数。

④ 读数时，使用平均值读数法，它不受环境温度的影响，读数值准确。

2.15.5　水平仪的测量方法

用框式水平仪测量垂直度时，如果有水平基面，应将水平仪基面调到水平位置，或测得基面水平误差，然后将框式水平仪的侧工作面紧贴在被测面，并使横向水准器处于水平位置，再从主水平器上读出被测面相对于基面的垂直度误差。

2.15.6　合像水平仪的结构

合像水平仪的结构如图 2-39 所示，它由 V 形工作面、平底工作面、标尺、杠杆、弹簧、水准器、目镜、调节旋钮、微分刻度盘、指针和标尺观察窗组成。

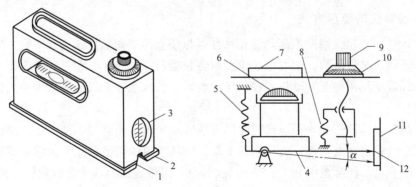

图 2-39　合像水平仪的结构

1—V 形工作面；2—平底工作面；3—标尺；4—杠杆；5,8—弹簧；6—水准器；7—目镜；

9—调节旋钮；10—微分刻度盘；11—标尺观察窗；12—指针

2.15.7 合像水平仪的工作原理

合像水平仪是一种精度较高的量仪，该水平仪内装有一个玻璃水准管，安置在杠杆架上的底板内，它的水平位置可以用调节旋钮通过丝杠螺母和杠杆进行调整，其调整值可从调整旋钮的微分刻度盘上读取细分读数，每格示值为 0.01mm/1000mm。玻璃水准管内气泡两端的圆弧，分别用三个不同位置方向上的棱镜反射至目镜镜框内，分成两半合像。当水平仪在水平位置时，标尺观察窗内气泡 1 就与气泡 2 重合；不在水平位置时，气泡 1 就与气泡 2 不重合（如图 2-40 所示），当两半气泡重合时，再由侧面的标尺观察窗的放大镜读取

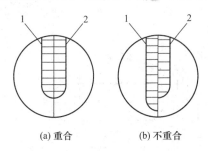

(a) 重合　　　(b) 不重合

图 2-40　合像水平仪气泡图

粗分读数，标尺观察窗中标尺的每格示值为 0.5mm/1000mm。由于光学合像水平仪的水准管位置可以调整，而且采用光学放大，可以通过双像重合来提高对准精度，其测量范围比框式水平仪大。

测量时，将光学合像水平仪放在工件的被测表面上，转动调节旋钮调整水准管的水平位置，从标尺观察窗进行观察，直到两半气泡重合时再进行读数。读数时，先从标尺观察窗中读出粗分读数，再从微分刻度盘上读取细分读数。

2.16　经纬仪

经纬仪是一种精密光学测角量仪，具有竖轴和横轴，可使瞄准镜管在水平方向作 360°的方位转动，也可在垂直面作大角度的俯仰。其水平面和垂直面的转角大小可分别由水平度盘和垂直度盘显示，测角精度一般为 2″。经纬仪和平行光管配合，组成一个测量光学基准系统。

2.16.1 经纬仪的结构

图 2-41 所示为国产 J2 型经纬仪外观。

2.16.2 经纬仪的使用方法

（1）找平　转动仪器照准部，使长水准器与任意两个脚螺旋的连线平行，以相反的方向等量转动该两脚螺旋，使气泡居中。再将仪器转 90°，转动第三个脚螺旋，同样使气泡居中，需反复调整至转动仪器在任何位置时，长水准器上气泡的最大偏离值都不大于 1/2 格。

（2）调整望远镜管至水平　按逆时针方向转动换像手轮到转不动为止，使读数显微镜目镜中显示垂直度盘影像，旋转测微手轮，将经纬仪读数微分尺调至零分零秒，旋转望远镜微动手轮，使度盘中 90°与 270°刻线对准。用望远镜制动手轮锁定望远镜筒。

（3）测量　将望远镜瞄准目标，调整调焦手轮，注意消除视差，精瞄目标。如目标是平行光管，则使平行光管的十字线与望远镜分划板上的十字线对准。

（4）读数　经纬仪测量的示值由望远镜旁边的度数显微镜得出。当经纬仪找正目标

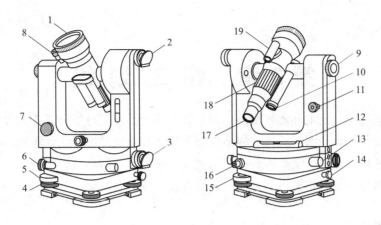

图 2-41　J2 型经纬仪

1—望远镜；2—垂直度盘照明反光镜；3—水平度盘照明反光镜；4—三角基座调平手轮（脚螺旋）；
5—圆水准器；6—照准部微动手轮；7—望远镜微动手轮；8—望远镜制动手轮；9—测微手轮；
10—读数显微镜目镜；11—换像手轮；12—长水准器；13—换盘手轮；14—基座制动手轮；
15—护盖；16—照准部制动手轮；17—望远镜目镜；18—望远镜调焦手轮；19—光学瞄准器

和准确瞄准后，使换像手轮按顺时针方向转到底，打开并调整水平度盘反光镜，使读数窗亮度适中。调节读数显微镜目镜，使度盘影像清晰。拨开换盘手轮护盖，转动换盘手轮，在读数窗内看到所需的度盘读数，然后关好换盘手轮护盖，按顺时针方向转动测微手轮，读数显微镜内看到度盘上、下两部分影像相对移动，到上、下对径刻线精确符合为止。读数显微镜目镜所见到的度盘影像如图 2-42 所示。其读数方法如下：整度数由大窗中部或偏左的正写数目读得；再数度盘对整度数之间的格数，数得的格数乘以 10 即得整分数，余下的零数从左边的小窗内读到。测微尺上下共有 600 格，每小格为 1″，共计 10，左边数目字单位为分，右边的数目字乘 10″，再数到指标线的格数即为秒数。度盘上读得读数加上测微尺上读得的读数之和即为全部的读数。图 2-42 所示的读数为 174°11′56″。

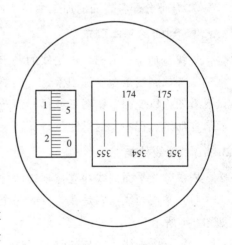

图 2-42　度盘读数

第3章 钳工划线

根据图纸要求，在毛坯或半成品上用划线工具划出加工界线，或作为找正检查的辅助线，这种操作叫做划线。通过划线不仅能使加工时有明显的界线，还可以检查工件毛坯的外形尺寸以及加工余量是否合格，以避免因采用不合格毛坯而浪费工时。当毛坯误差不大时，可通过划线借料得到补偿，从而提高毛坯的合格率。

3.1 划线概述

3.1.1 划线的作用

划线的作用主要有如下几点。

① 确定加工界线、加工余量和孔的位置等。

② 能够检查毛坯是否合格，避免后期加工造成损失。对一些局部存在一些缺陷的毛坯件，可以利用划线校正加工余量来进行补救，以提高坯件的合格率。

③ 合理分配各表面的加工余量，使切削加工有明确的尺寸界线标志。

3.1.2 划线的基本要求

划线是加工的依据，对划线的要求是尺寸准确，线条清晰均匀，定形、定位尺寸要准确。考虑到线条宽度等因素，一般要求划线精度控制在 0.2～0.3mm。划线前一定要认真看图，以免因看错图纸或尺寸而造成损失，工件的最终尺寸不能完全由划线确定，而应在加工过程中，通过测量以保证尺寸的准确性。

3.1.3 划线种类

划线分为平面划线和立体划线两种。

（1）平面划线　它是在工件的一个平面上进行划线的（即工件的二维坐标体系内），如图 3-1 所示。

（2）立体划线　它是同时在工件上几个不同表面上进行划线的（即工件的三维坐标体系内），如图 3-2 所示。

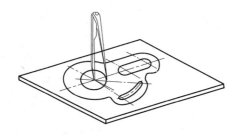

图 3-1　平面划线

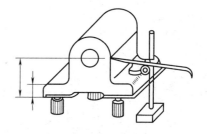

图 3-2　立体划线

3.1.4　线条种类

根据所划线条在加工中的作用和性质，线条可分为基准线、加工线、辅助线等几种。

3.2　常用划线工具和使用方法

划线工具按用途的不同分为基准工具、量具、绘划工具和辅助工具四种。

3.2.1　划线平板

划线平板是划线的基本工具。一般由铸铁制成，工作表面经精刨或刮削而成平面度较高的平面。用来安放工件的划线工具，并在其工作面上完成划线过程，以保证划线的精度。如图 3-3 所示，划线平板一般用木架或钢架支撑，高度一般在 1m 左右，使工作平面保持水平位置。

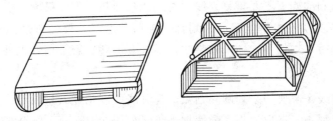

图 3-3　划线平板

划线平板的正确使用和保养如下。

① 安装时，必须使工作平面保持水平位置。

② 在使用过程中要保持工作面的清洁，以防铁屑、灰砂粒等在划线工具或工件移动时划伤平板表面。

③ 划线时工件和工具在平板上要轻拿轻放，防止平板受撞击，更不允许在平板上进行任何敲击工作。

④ 平板工作面各处要均匀使用，避免局部受磨损起凹，影响平板的平整性。

⑤ 平板使用后应擦净，涂防锈油。

⑥ 按有关规定定期检查，并及时调整、研修，以保证工作面的水平状态和平面度。

3.2.2　划针

划针是划线时用来直接在工件上划出线条的工具。一般要与钢直尺、90°角尺或样板等导向工具配合在已加工面内划线，如图 3-4 所示，它一般由直径 $\phi3\sim6mm$ 的弹簧钢丝或高速钢制成，将其尖端磨成 $10°\sim20°$，并淬硬。为使针尖更锐利和提高耐磨性，同时保证画出的线条宽度为 0.1mm 左右，在铸件、锻件等加工表面划线时，可用尖端焊有硬质合金的划针，以便长期保证划针的锋利。

划针的使用方法和注意事项如下。

① 用划针划线时，一手压紧导向工具，防止其滑动，另一手使划针尖端紧贴导向工具的边缘，并使划针上部外倾斜 15°～20°角，同时向划线移动方向倾斜 45°～75°角，如图 3-5 所示，这样既能保证针尖紧贴导向工具的基准边，又能方便操作者以眼观察。

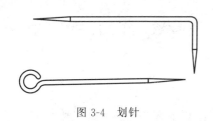

图 3-4　划针

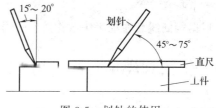

图 3-5　划针的使用

水平线应自左向右划，竖直线自上向下划，倾斜线的走向趋势是自左下方向右上方划，或自左上方向右下方划。在用钢尺和划针划连接两点的直线时，应先用划针和钢尺定好后一点的划线位置，然后调整钢直尺使与前一点的划线位置对准，再开始划出两点的连接直线。

② 不要重复划线。划线时用力大小均匀适当。用划针划线应一次划成，使划出的线条均匀、清晰和准确。不要重复划线，否则线条变粗，划线模糊不清。

③ 针尖要保持尖锐，钢丝制成的划针用钝后重磨时，要经常浸入水中冷却，以防退火变软。不用时，划针不能插入衣袋中，最好套上塑料管不使针尖外露。

3.2.3　划规

划规是在划线中主要用来划圆和圆弧，等分线段、角度及量取尺寸的工具。钳工常用的划规有普通划规、扇形划规、弹簧划规等，如图 3-6 所示。划规的脚尖必须坚硬才能使金属表面划出的线条清晰。划规一般用中碳钢或工具钢制成，两脚尖端淬硬并刃磨，有的划规在两脚尖上加焊硬质合金，使之更加锋利和耐磨。

（1）普通划规　结构简单、制造方便，应用广泛。两脚长短要一致，铆接处松紧要适当，若铆接不紧，则不便调整。

（2）扇形划规　有锁紧装置，当拧紧锁紧螺钉，则可保持已调节好的尺寸不会松动，两脚间的尺寸较稳定，结构也较简单。

（3）弹簧划规　使用时，旋动调节螺母，调整尺寸方便，该划规结构刚度较差，只限于在光滑或半成品表面上划线。

（4）定心规　定心规是用来确定孔、轴类工件中心线的直接划线工具，其结构如图 3-7 所示。定心规与直角尺或 V 形铁、方箱配合可划出工件的十字中心线，定心规划线操作如图 3-8 所示。

(a) 普通划规

(b) 扇形划规

(c) 弹簧划规

图 3-6　划规

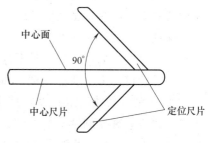

图 3-7　定心规结构

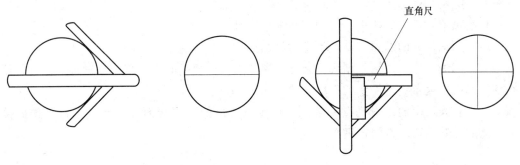

图 3-8 定心规划线操作

（5）弯脚划规 弯脚划规的结构如图 3-9 所示。其操作方法是先通过钢直尺度量出所划圆的半径尺寸，再用弯脚划规尖在工件的圆柱面上定位，然后用直脚划规尖在工件的端面从相互垂直的四个方向划出一小段圆弧，四小段圆弧如同"井"字形状，"井"字要尽量地小一点，最后目测确定"井"字的中心并用样冲打出冲眼，如图 3-10 所示。

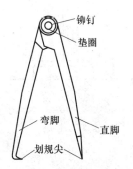

图 3-9 弯脚划规结构

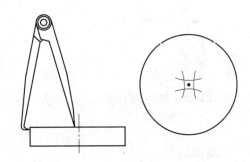

图 3-10 弯脚划规划线操作

3.2.4 划线盘

划线盘是用于立体划线和用来找正工件位置的常用工具。如图 3-11 所示，它由底座、立柱、划针和夹紧螺母等组成。

夹紧螺母可将划针固定在立柱的任何位置，划线的直头端用于划线，弯头端用于找正工件位置。

划线盘使用时应注意以下几点。

① 使用时，使划针基本处于水平位置，为了增加划线时划针的刚度，划线伸出端应尽量短，防止其抖动。划针的夹紧要可靠。

② 划针移动时，其移动方向与划线表面之间夹角为 30°～60°，以使划针顺利运行。

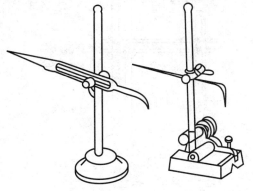

图 3-11 划线盘

③ 用手拖动盘底座划线时，应使盘底座始终贴紧平板移动。

④ 暂不使用时，划针直头端应垂直向下，以防伤人和减少所占的空间位置。

3.2.5 划线尺架

划线尺架是用来夹持钢直尺的划线辅助工具。

（1）划线尺架的结构　划线尺架的结构如图 3-12 所示

（2）划线尺架的用法　划线尺架是与划线盘配合使用的，用划线盘进行划线时，要在划线尺架上度量出所需要的高度尺寸（如图 3-13 所示）。

（3）划线尺架的使用要点　首先要检查钢直尺的底部端面一定要与平台工作面接触，然后拧紧锁紧螺钉固定钢直尺。

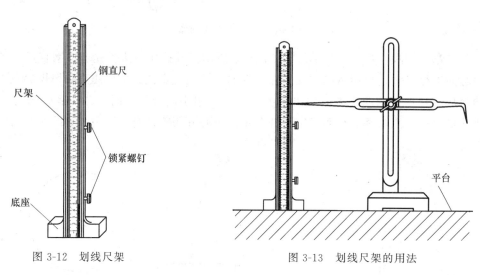

图 3-12　划线尺架　　　　　　　　图 3-13　划线尺架的用法

3.2.6 球座划线盘

球座划线盘的特点是底座为球体，适宜在有孔工件上自动定心进行划线操作，结构如图 3-14 所示，球座划线盘的操作如图 3-15 所示。

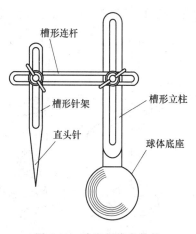

图 3-14　球座划线盘结构

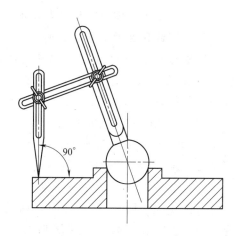

图 3-15　球座划线盘划线操作

3.2.7 游标高度尺

游标高度尺是精确的量具及划线工具，精度有 0.02mm、0.05mm 和 0.1mm 三种。

如图 3-16 所示。它既可用来测量高度，还可用其刀尖进行划线。其读数原理与游标卡尺一样。

游标高度尺操作要点如下。

① 使用游标高度尺进行划线操作时，尺底座下表面应擦拭干净，先检查刀尖是否贴紧平板，主尺和副尺游标零位是否对准。

② 使用游标高度尺进行划线时，尺底座应紧贴划线平板移动，防止尺底座晃动。

③ 使用游标高度尺进行划线时，刀尖应与工件被划表面成 45°左右夹角，并在工件表面轻轻划过，不可用力过大，以免损坏刀尖，影响划线精度。

④ 刀尖损坏后，及时修整刃磨。

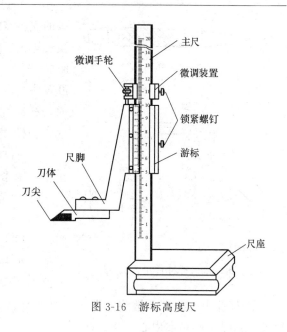

图 3-16 游标高度尺

3.2.8 钢直尺

钢直尺是用不锈钢制成的一种直尺，是钳工常用的简单测量工具和划直线的导向工具，在尺面上刻有米制或英制的刻线，最小刻线间距为 0.5mm，一般为 1 mm。由于刻度线本身的宽度就有 0.1～0.2 mm，再加上尺本身的刻度误差，所以用钢直尺测出的数值误差比较大，而且 1 mm 以下的小数值只能靠估计得出，因此不能用作精确测定。其规格（即测量范围）有 150mm、300mm、500mm、1000mm 四种规格。钢直尺可用来测量工件的长度、宽度、高度和深度。有时还可用来对一些要求较低的工件表面进行平面度误差的检查。如图 3-17 所示。

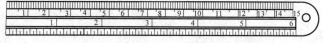

图 3-17 钢直尺

3.2.9 宽座角尺

宽座角尺是钳工常用的测量工具，如图 3-18 所示。它是用来在划线时划垂直线及平行线的导向工具，同时可用来校正工件在划线平板上的垂直位置，并可检查两垂直面的垂直度或单个平面的平面度。

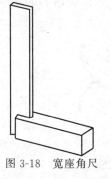

图 3-18 宽座角尺

3.2.10 样冲

样冲是在划好线的线上冲眼用的工具，如图 3-19 所示。工件划线后，在搬运、安装等过程中可能将线条摩擦掉，为了保持划线标记，通常要用样冲冲眼，冲眼作加强界线标志，如图 3-20 所示。在已划好的线上打上小而均布的冲眼。在使用划规划圆弧或钻孔前，也要先用样冲在圆心上冲眼，作为划规定心

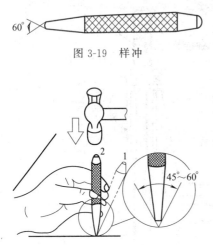

图 3-19 样冲

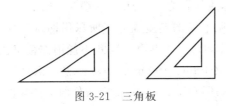

图 3-20 样冲使用方法

脚的立脚点或钻孔中心样冲点。样冲的尖端和锤击端经淬火硬化,硬度可达 55～60HRC,尖端一般磨成 45°～60°,用于加强界线标记时,样冲的尖端可磨锐些,一般为 40°左右,而钻孔用于定中心时,样冲可磨的钝一些,一般为 60°左右。

打样冲时的注意事项如下。

① 打样冲眼时,将样冲外倾使尖端对准线的正中,锤击前再立直,以保证冲眼的位置准确。

② 打样冲眼时,应打在线宽的正中间,且间距要均匀。线短点少,线长点多,交叉转折必冲眼,曲线上冲眼间距应小一些,在线的交界处间距也应小些。在用划规划圆弧的地方,要在圆心上冲眼,作为划规脚尖的立脚点,以防划规滑动。

③ 打冲眼的深度要适当。薄工件冲眼要浅,以防变形;钻孔的中心眼要冲深些,以便钻孔时钻头对准中心。

3.2.11 三角板和曲线板

三角板常用 2～3mm 的钢板制成,如图 3-21 所示,表面没有尺寸刻度,但有精确的两条直角边及 30°、45°、60°斜面,通过适当组合,可用于划各种特殊的角度线。

曲线板用薄钢板制成,表面平整光洁,常用来划各种光滑的曲线,如图 3-22 所示。

图 3-21 三角板

图 3-22 曲线板

3.2.12 V 形铁

V 形铁是主要用来安放圆形工件的工具,如图 3-23 所示。如轴类、套筒类,圆形工件安置在 V 形槽内,使圆柱的轴线平行于平台工作面。V 形铁常用铸铁或碳钢制成,其外形为长方体,工作面为 V 形槽,两侧面互成 90°或 120°夹角。支承较长工件时,应使用成对的 V 形铁。成对的 V 形铁必须成对加工,制成相同尺寸,以免两者的高度尺寸不同而引起误差。

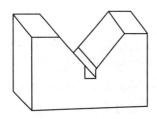

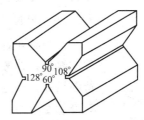

图 3-23 V 形铁

3.2.13　千斤顶

千斤顶是用来支承毛坯或不规则工件进行立体划线的工具,它可较方便地调整工件各处的高度,以便安装不同形状的工件,如图 3-24 所示。常用的螺旋千斤顶由螺杆、螺母、底座、锁紧螺母、六角螺钉等组成。螺杆可以上下升降,旋转螺母能调节千斤顶螺杆高度,锁紧螺母能固定螺杆的位置,防止已调整好的高度发生变动。千斤顶的顶端一般做成锥形,使支承可靠且灵活。若要支承柱形工件或较重工件时,可选用顶部带 V 形铁的千斤顶。

千斤顶使用要求如下。

① 千斤顶底部要擦净,工件要平稳放置。调节螺杆高低时,要防止千斤顶移动,以防工件滑倒。

② 一般工件用三个千斤顶支承,且三个支承点要尽量远离工件重心,三支承点组成的三角形面积应尽量大。

③ 在工件较重部分用两个千斤顶,另一个千斤顶支承在较轻部位。

④ 工件的支承点尽量不要选择在容易发生滑移的地方。

⑤ 为防止工件滑移造成事故,可在工件下面加垫块等安全措施。

3.2.14　方箱

方箱是由灰铸铁制成的空心长方体或立方体,其相对平面互相平行、相邻平面互相垂直,如图 3-25 所示。划线时,可用 C 形夹头将工件夹于方箱上,翻转方箱就可一次划出全部互相垂直的线。为便于夹持不同形状的工件,可采用附有夹持装置和 V 形槽的特殊方箱,方箱上的 V 形槽平行于相应的平面,用于装夹圆柱形工件。

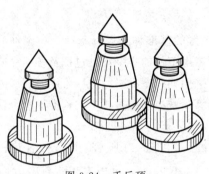

图 3-24　千斤顶

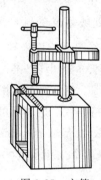

图 3-25　方箱

3.2.15　直角铁与斜垫铁

直角铁一般都用铸铁制成,如图 3-26 所示。它有两个互相垂直的平面。角铁上的孔或槽用于搭压板时穿螺栓。

斜垫铁用来支持和垫高毛坯工件,能对工件的高低作少量的调节,如图 3-27 所示。

3.2.16　G 形夹头

G 形夹头是划线操作中用于夹持、固定工件的辅助工具,G 形夹头的结构如图 3-28 所示。

图 3-26 直角铁   图 3-27 斜垫铁   图 3-28 G形夹头

3.2.17 划线涂料

为了使工件上划出的线条清晰，划线前需要在划线部位涂上一层涂料。常用的涂料如下。

（1）白喷漆、石灰水、锌钡白 适用于一般的铸件和锻件的划线。

（2）无水涂料、品紫 适用于已加工表面的划线。

（3）墨汁 用于铸铝工件表面上划线。

3.3 划线基准

3.3.1 基准的概念

划线时用来确定零件上其他点、线、面的位置的依据，称为划线基准。

合理选择划线基准是做好划线工作的关键。有了合理的划线基准，才能使划线准确、方便和高效。划线应从基准开始。

3.3.2 划线基准的选择原则

在零件图上，用来确定其他点、线、面位置的基准称为设计基准。在工件划线时所选用的基准称为划线基准。基准的确定要综合考虑工件的整个加工过程及各工序间所使用的检测手段。划线为加工中的第一道工序，在选用划线基准时，应尽可能使划线基准与设计基准保持一致，这样，可避免相应的尺寸换算，减小加工过程中的基准不重合误差。

（1）划线基准的选择

① 以两个互相垂直的平面或直线作为基准。如图 3-29 所示，该零件有互相垂直两个方向的尺寸。可以看出，每一方向的尺寸大多是依据它们的外缘线确定的，因此，就可把这两条边线分别确定为这两个方向的划线基准。

② 以一个平面或直线和一条中心线为基准。如图 3-30 所示，该零件高度方向的尺寸是以底面为依据而确定的，底面就可作为高度方向的划线基准；宽度方向的尺寸对称于中心线，故中心线就可作为宽度方向的划线

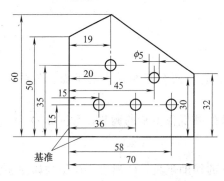

图 3-29 划线基准选择Ⅰ

基准。

③ 以两个互相垂直的中心线为基准。如图 3-31 所示，该零件两个方向的许多尺寸分别与其中心线具有对称性，其他尺寸也从中心线起始标注。此时，就可把这两条中心线分别确定为这两个方向的划线基准。

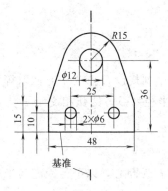

图 3-30　划线基准选择Ⅱ

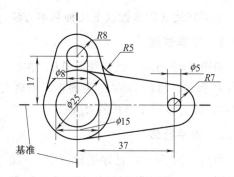

图 3-31　划线基准选择Ⅲ

平面划线时，通常要选用两个划线基准，而立体划线时，通常要选择三个划线基准。

（2）划线基准的选择原则

① 划线基准尽量与设计基准重合。

② 对称形状的工件，应以对称中心线为基准。

③ 有孔或塔子的工件，应以主要的孔或塔子中心线为基准。

④ 在未加工的毛坯上划线，应以主要不加工面作为基准。

⑤ 在加工过的工件上划线，应以加工过的表面作为基准。

3.3.3　划线前的准备工作

划线前的准备有以下几点。

① 看图与工艺文件，明确划线任务。

② 检查工件的形状和尺寸是否符合图样要求。

③ 选择划线工具。

④ 对划线部位进行去刺、清洁和涂色等。

3.3.4　划线的步骤

划线的步骤有以下几点。

① 看图纸，仔细看清图纸尺寸，详细了解需要划线的部位，明确工件及其划线的有关部位的作用和要求，及有关的加工工艺。

② 检查清理工件毛坯件。

③ 涂色。

④ 确定划线基准，遵循从基准开始的原则，使得设计基准和划线基准重合。

⑤ 正确安放工件和选用划线工具。

⑥ 进行划线。

⑦ 详细检查划线的准确性及线条是否有遗漏。

⑧ 在线条上打样冲眼。

3.4 常用基本划线方法

钳工划线必须掌握以下几种基本方法。

3.4.1 作垂直线

如图 3-32 所示,已知线段 AB,在线上取一点 O,用划规以 O 点为中心截取等距离两点 D 和 E。再以 D 和 E 为圆心,用略大于等距离为半径划弧,两弧相交于 F 点,连接 OF,即为垂直于 AB 的直线。

3.4.2 作平行线

如图 3-33 所示,已知线段 AB,在线上取两点 a 和 b 为圆心,以平行距离为半径作出两圆弧,与两圆弧相切的直线即平行于 AB。

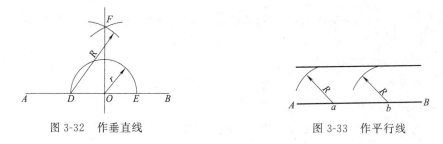

图 3-32 作垂直线   图 3-33 作平行线

3.4.3 作五等分直线

如图 3-34 所示,已知线段 AB,作线段 AC 与已知直线 AB 成 $20°\sim40°$ 夹角。由 A 点起在 AC 上任意截取五等分点 a、b、c、d、e。连接 Be。过 a、b、c、d 四点分别作 Be 的平行线,各平行线在 AB 上的交点 a'、b'、c'、d' 即为五等分点。

3.4.4 作已知弧的圆心

如图 3-35 所示,在已知圆弧 $\overset{\frown}{AB}$ 上取点 N_1、N_2、M_1、、M_2,并分别作线段 N_1N_2 和 M_1M_2 的垂直平分线。两垂直平分线的交点 O,即为圆弧 $\overset{\frown}{AB}$ 的圆心。

3.4.5 作圆周五等分

如图 3-36 所示,过圆心 O,作直线 $CD \perp AB$。取 OA 的中点 E。以 E 点为圆心,EC 为半径作圆弧交 AB 于 F 点,CF 即为圆五等分的长度。

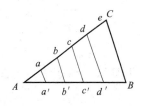
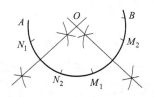
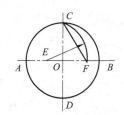

图 3-34 作五等分直线   图 3-35 作已知弧的圆心   图 3-36 作圆周五等分

3.5　立体划线实例

　　轴承座零件的立体划线，如图 3-37 所示。其中，图 3-37（a）为轴承座零件图；图 3-37（b）为根据孔中心及上平面调节千斤顶，使工件水平，划底面加工线和大孔水平中心线；图 3-37（c）为转 90°，用直角尺校正划大孔的垂直中心线及螺钉孔中心线；图 3-37（d）为再次翻转 90°，用直角尺找正划螺钉孔另一方向的中心线及大端面加工线。

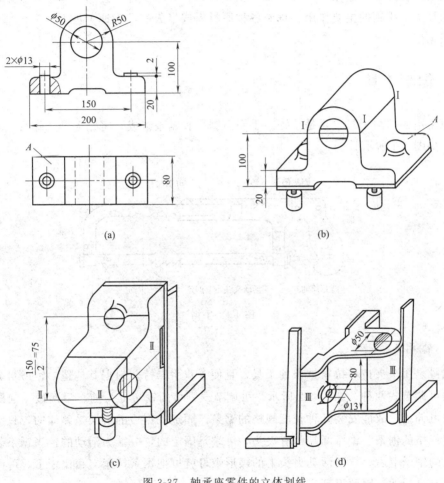

图 3-37　轴承座零件的立体划线

第4章 锯　　削

　　锯削就是用手锯对工件材料进行分割或在工件上开出沟槽等的操作。虽然现在各种自动化、机械化的切割设备已广泛的使用，但手动锯削加工是常见的，它具有方便、简单和灵活的特点，它适用于单件小批、较小材料、异形工件、开槽、修整及在临时场地的锯削加工。手锯的主要作用：锯断各种原材料或半成品，锯掉工件上的多余部分，在工件上锯槽。

4.1　锯削工具

　　钳工用的锯削工具主要是手锯。手锯由锯弓和锯条组成，将锯条装于锯弓上就成了手锯，如图 4-1 所示。

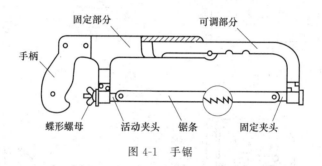

图 4-1　手锯

4.1.1　锯弓

　　锯弓是用来夹持和拉紧锯条的工具，且便于双手操持。根据其构造，锯弓可分为固定式和可调节式两种。如图 4-2 所示。可调节式锯弓的锯架分为前、后两段，前段套在后段内可伸缩，故能安装几种长度规格的锯条。固定式锯弓的弓架是整体的，只能装一种长度规格的锯条。锯弓两端都有夹头，一端是固定的，一端为活动的，当锯条装在两端夹头的销子上后，拧紧活动夹头上的蝶形螺母就可把锯条拉紧。相比之下，可调节式锯弓具有灵活性，因此得到广泛应用。

　　锯弓按其材料又可分为两种：钢板制锯弓和钢管制锯弓。

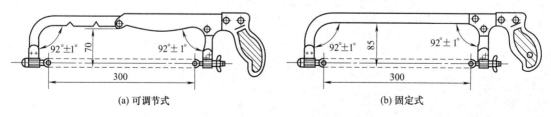

(a) 可调节式　　　　　　　　　　　　　(b) 固定式

图 4-2　锯弓的构造

4.1.2　锯条

锯条是手锯的重要组成部分，锯削时锯条是用来直接锯削材料或工件的刀具。锯条一般用渗碳软钢冷轧而成，常用牌号为 T12A，也可用碳素工具钢或合金工具钢制成，并经热处理淬硬，其切削部分硬度达到 62HRC 以上。锯条结构如图 4-3 所示。

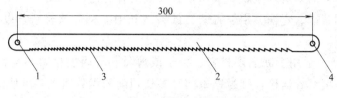

图 4-3　锯条结构

1,4—销孔；2—条身；3—锯齿

（1）锯条的规格

锯条的规格是以其两端安装孔的中心距来表示的。一般有 150mm、200mm、300mm、400mm 几种规格，其宽度为 10～25mm，厚度为 0.6～1.25mm。钳工常用的锯条规格为 300mm，其宽度为 12mm，厚度为 0.8mm。

（2）锯齿的切削角度

锯齿指锯条上的凸起部分。锯条的切削部分由单面均布的锯齿组成。为了减少锯条的内应力，充分利用锯条材料，目前出现双面有齿的锯条，两边锯齿淬硬，中间保持较好韧性，不易折断，可延长使用寿命。常用的锯条锯齿前角为 0°，后角为 40°，楔角为 50°，如图 4-4 所示。制成这一后角和楔角的目的，是使切削部分具有足够的容屑槽和使锯齿具有一定的强度，以便获得较高的工作效率。

（3）锯路

在制造锯条时，全部锯齿按一定规则左右扳斜错开，排成一定的形状，形成了锯齿的不同排列形式，称为锯路。锯齿的排列形式有交叉形和波浪形等，如图 4-5 所示。锯路的形成，能使锯缝宽度大于锯条背部的厚度，使锯条在锯削时不会被锯缝咬住，以减少锯条与锯缝间的摩擦阻力，便于排屑，减轻锯条的过热与磨损，延长锯条的使用寿命，提高锯削效率。

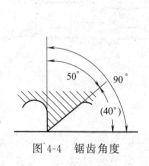

图 4-4　锯齿角度

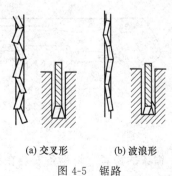

(a) 交叉形　　(b) 波浪形

图 4-5　锯路

（4）锯条的粗细与其选择

锯条的粗细是以锯条每 25mm 长度内锯齿的个数来表示。常用的有 14、18、24 和

32 等几种，分别为粗齿、中齿、细齿和极细齿，显然，齿数越多，锯齿就越细。

选择粗细合适的锯条，是保证锯削质量和效率的重要条件，选择锯齿粗细应根据材料的硬度、强度、厚度及切面的形状大小来确定，使锯削工作省力又经济。

① 粗齿锯条　适用于锯削软材料和较大表面及厚材料，因为在这种情况下每推锯一次都会产生较多的切屑。这就要求锯条有较大的容屑槽，以防产生堵塞现象而影响锯削效率。如锯削紫铜、青铜、铝、铸铁、低碳钢和中碳钢等软材料，以及较厚的材料，如图 4-6 所示。

② 细齿锯条　适用于锯削硬材料、管子或薄材料，因硬材料不易锯入，每锯一次切屑较少，不易堵塞容屑槽，细齿锯条同时参加切削的齿数增多，可使每齿担负的锯削量小，锯削阻力小，材料易于切除，推锯省力，锯齿也不易磨损。如锯削工具钢、合金钢等硬材料或各种薄板或管子。对于薄板或管子，主要是为了防止锯齿被钩住，甚至使锯条折断，如图 4-7 所示。

③ 中齿锯条　适用于锯削中等硬度的材料。如中等硬度的钢、黄铜、铸铁等。

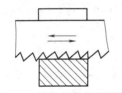 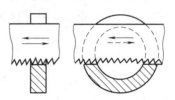

图 4-6　粗齿锯条锯厚材料　　　　图 4-7　细齿锯条锯薄材料或管子

4.2　锯削的基本操作

4.2.1　锯条的安装

（1）锯条的安装方向　由于手锯是在向前推进时进行切削，所以安装锯条时要保证齿尖向前，如图 4-8 所示，而返回时不起切削作用，所以在锯弓中安装锯条时具有方向性。安装时应使齿尖的方向朝前，此时前角为零，如果装反了，则锯齿前角为负值，就不能正常锯削。

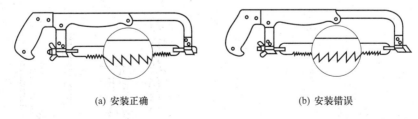

(a) 安装正确　　　　　　　　(b) 安装错误

图 4-8　锯条的安装

（2）锯条的松紧　将锯条安装在锯弓上，调节锯条的松紧时，是通过调节蝶形螺母来调整。锯条的松紧程度要适当，如果锯条张得太紧时，锯条受力太大，失去应有的弹性，以至于在锯削时稍有阻滞而产生弯曲时，锯条很容易折断；如果安装的过松，会使锯条在锯削时易弯曲摆动，造成折断，且锯缝容易发生歪斜。

锯条安装好后，还应检查锯条安装的是否倾斜、扭曲，因前后夹头的方榫与锯弓方孔有一定的间隙，如发现歪斜、扭曲，必须调整锯条与锯弓在同一中心平面内，以保证锯缝正直，防止锯条过快磨损和折断。

4.2.2　工件的装夹

装夹工件有以下四点要求。

① 工件一般应夹持在台虎钳的左面，以方便操作。

② 工件不应伸出钳口过长，一般应保持锯缝距离钳口 20mm 左右，防止在锯削过程中产生振动。

③ 锯缝线要与水平面保持垂直。

④ 不要用力过大地夹持工件，以免将工件夹变形或夹坏已加工好的表面。

4.2.3　起锯方法

起锯时，左手拇指靠近锯条，如图 4-9 所示，使锯条能正确地放在所需要的位置上，行程要短，压力要小，速度要慢。起锯是锯削工作的开始，起锯质量的好坏直接影响锯削的质量。起锯有远起锯和近起锯两种，如图 4-10 所示。

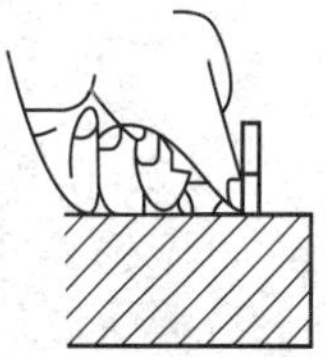

远起锯是指从工件远离操作者的一端起锯，其优点是能清晰地看清所划的锯削线，防止锯齿卡在棱边而崩裂，锯条逐步切入材料，不易被卡住。

图 4-9　拇指挡住锯条起锯

近起锯是指从工件靠近操作者的一端起锯，此方法掌握不好，锯齿会一下子切入较深，锯齿被棱边卡住，使锯条崩裂。

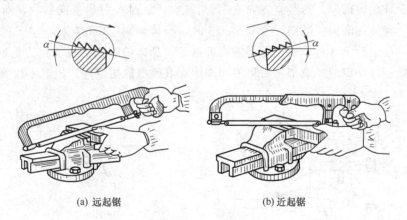

(a) 远起锯　　　　　　　(b) 近起锯

图 4-10　起锯方法

锯削时，一般采用远起锯的方法。但无论用哪一种起锯方法，起锯角度都要小些，一般为 10°～15°。起锯角度太大锯齿会钩住工件的棱边而产生崩齿；起锯角度太小或平锯，又使锯齿不容易切入材料，或因锯齿打滑而拉毛工件表面。当锯到槽深 2～3mm 时，将锯弓改至水平方向正常的锯削。

4.2.4　锯削姿势及锯削运动

锯削时，手用锯弓有四种握锯方法，分别是：死握法、活握法、抱锯法和扶锯法。

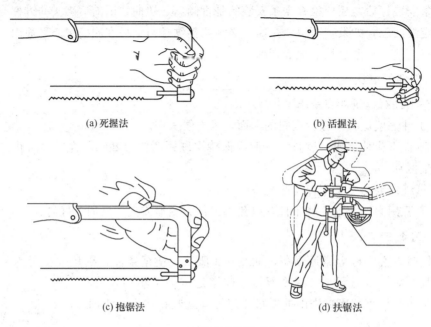

(a) 死握法   (b) 活握法

(c) 抱锯法   (d) 扶锯法

图 4-11　手用锯弓的握锯方法

如图 4-11 所示。

　　手握锯时，要自然舒展，一般情况下，右手握手柄，左手轻扶锯弓前端，如图4-12所示。锯削时，站立的位置要适当，如图 4-13 所示。锯削时右腿伸直，左腿弯曲，身体向前倾斜，重心落在左脚上，两脚站稳不动，靠左膝的屈伸使身体作往复摆动。即在起锯时，身体稍向前倾，与竖直方向成 10°角左右，此时右肘尽量向后收，随着推锯的行程增大，身体逐渐向前倾斜，行程达 2/3 时，身体倾斜 18°角左右，左、右臂均向前伸出。当锯削最后 1/3 行程时，用手腕推进锯弓，身体随着锯的反作用力退回到 15°角位置。锯削行程结束后，取消压力将手和身体都退回到最初位置，如图 4-14 所示。

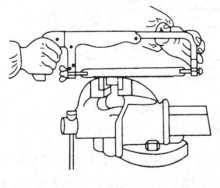

图 4-12　手锯的握法

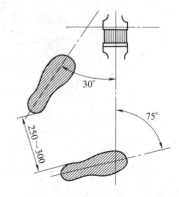

图 4-13　锯削站立的位置

　　锯削速度以每分钟 20～40 次为宜。速度过快，锯条容易发热，磨损加重。速度过慢，会直接影响锯削效率。一般锯削软材料可快些，锯削硬材料可慢些。必要时可用切削液对锯条冷却润滑。

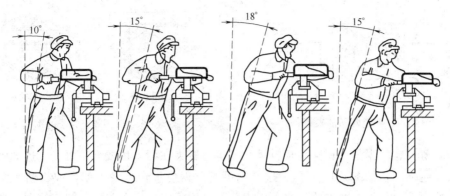

图 4-14　锯削操作姿势

锯削时，使锯条尽量在全长度范围内使用。一般应使锯条的行程不小于锯条长的 2/3，以延长锯条的使用寿命。锯削时的锯弓运动形式有两种：一种是直线往复运动，适用于锯薄形工件和直槽；另一种是摆动式，起锯时，左手压下，右手抬高，与水平成 $10°\sim15°$，随着锯条前进，左手逐渐抬起，右手逐渐下压，回程时右手逐渐抬起，左手逐渐下压，返回原来的位置，行程摆动，这种操作自然省力。锯弓前进时，一般要加入不大的压力，而后拉时不加压力。

在锯削过程中，如发现锯齿崩裂，即使是一个齿崩裂，也应立即停止使用，否则该齿后面的锯齿也会迅速崩裂，为了恢复锯齿崩裂后的锯削能力，可取下锯条，在砂轮上把崩齿的地方小心的磨光、磨斜或磨圆，并把崩齿部位的后面几个齿磨低些，如图 4-15 所示为锯齿崩裂的处理。从工件锯缝中清除断齿后继续锯削。

4.2.5　常见工件的锯削方法

(1) 棒料的锯削　锯削棒料时，如果要求锯出的断面比较平整、光洁，则锯削时应从一个方向起锯，并连续锯削直到结束。当锯削后工件的断面要求不高，可以在锯入一定深度后，再将棒料转过一定角度重新起锯，这样可以减小锯削抗力，如图 4-16 所示。如此反复几次不同方向锯削，最后一次锯断，这样比较省力，工作效率也高。

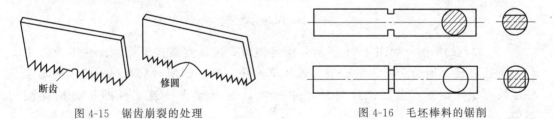

图 4-15　锯齿崩裂的处理　　　　　　图 4-16　毛坯棒料的锯削

(2) 薄壁管子的锯削　若锯削薄壁管子，应使用两块木质 V 形或弧形槽垫块夹持，以防管子变形或夹坏表面，如图 4-17 所示。锯削时不能仅从一个方向锯削到结束，否则管壁易钩住锯齿而使锯条崩齿或折断，锯出的锯缝因为锯条跳动也不平整。正确的锯法是当锯条锯到管子内壁处时，把管子向推锯方向转过一个角度。锯条再依原有的锯缝继续锯削，且仍锯到内壁处，不断转动，不断锯削，直至锯断，如图 4-18 所示。

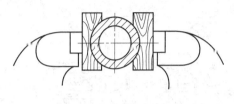

(a) 正确　　　　　(b) 错误

图 4-17　薄壁管子的夹持　　　　　图 4-18　薄壁管子的锯削

（3）薄板料的锯削　锯削薄板料时，可将薄板夹在两木块或金属之间，连同木块或金属块一起锯削，如图 4-19 所示。这样既可避免锯齿被钩住发生崩齿或折断，又可增加薄板的刚性。另外，若将薄板夹在虎钳台上，用手锯作横向斜推，就能使同时参与锯削的齿数增加，避免锯齿被钩住，同时又能增加工件的刚性。

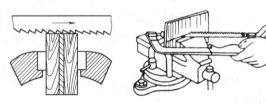

图 4-19　薄板的锯削

（4）深缝的锯削　当工件锯缝的深度超过锯弓的高度时，称这种锯缝为深缝。如图 4-20 所示，在锯弓快要碰到工件时，应将锯条拆出并转过 90°重新安装，或把锯条的锯齿朝着锯弓内侧进行锯削，使锯弓不与工件相碰。

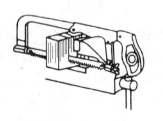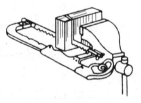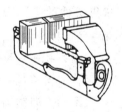

图 4-20　深缝的锯削

（5）扁钢的锯削　如图 4-21 所示，锯扁钢时，应从宽面往下锯，此法不但效率高，而且能较好地防止锯齿的崩裂。若从窄面往下锯，锯削时只有很少的锯齿与工件接触，工件越薄，来回推拉时振动也越大，锯齿越容易被工件的棱边钩住而崩裂。

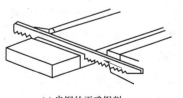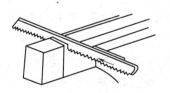

(a) 扁钢的正确锯削　　　　　　(b) 扁钢的不正确锯削

图 4-21　扁钢的锯削

（6）槽钢的锯削　如图 4-22 所示，槽钢的锯削与扁钢一样，但要分三次从宽面往下锯，不能在一个面上往下锯，应尽量做到在长的锯缝口上起锯，使工件必须三次改变夹持的位置。

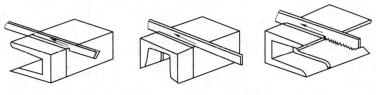

图 4-22　槽钢的锯削

（7）曲线轮廓锯削方法

① 锯条形状及尺寸和磨制要求　有时候需要在板料上进行曲线轮廓的锯削，这就需要对锯条进行适当的处理。为了尽量锯削比较小的曲线半径轮廓，需要将条身磨制成如图 4-23 所示的形状及尺寸，其工作部分的长度为 150mm 左右、宽度为 5mm 左右，两端要圆弧过渡。磨制过程中要注意的问题是：一要及时放入水中冷却，以防止退火、降低硬度；二是要在细条身（5mm 左右）两端磨出圆弧过渡，以利于切削并防止条身折断。

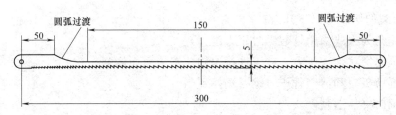

图 4-23　曲线锯条形状及尺寸

② 锯削外曲线轮廓方法　进行外曲线轮廓锯削时，要尽量调紧锯条，先从工件外部锯出一个切线切入口，如图 4-24（a）所示，然后沿着曲线轮廓加工线锯削，如图 4-24（b）所示，最后得到内曲线轮廓工件，如图 4-24（c）所示。

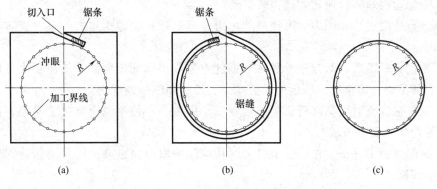

(a)　　　　　　(b)　　　　　　(c)

图 4-24　锯削外曲线轮廓

③ 锯削内曲线轮廓方法　进行内曲线轮廓锯削时，先从工件内部接近加工线的地方钻出一个工艺孔（直径为 $\phi15 \sim 18mm$），再穿上锯条并尽量调紧锯条，然后锯出一个

弧线切入口，如图 4-25（a）所示，再沿着曲线轮廓加工线锯削，如图 4-25（b）所示，最后得到内曲线轮廓工件，如图 4-25（c）所示。

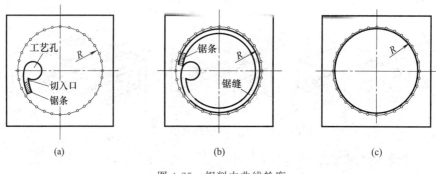

图 4-25　锯削内曲线轮廓

4.3　锯条的损坏原因

锯条的损坏形式常见的有锯齿崩裂、锯条折断和锯齿的过早磨损等几种。

4.3.1　锯齿崩裂的原因

锯齿崩裂的原因有以下几点。

① 起锯角太大或采用近起锯时用力过大。

② 锯削时突然加大压力，被工件棱边钩住锯齿面而崩裂。

③ 锯削薄板料和薄壁管子时锯条选择不当。

④ 锯削时突然遇到硬块杂质。

4.3.2　锯条折断的原因

锯条折断的原因有以下几点。

① 锯条安装得过松或过紧。

② 工件装夹不牢固或装夹位置不正确，造成工件松动或抖动。

③ 锯缝歪斜后强行纠正，使锯条扭断。

④ 运行速度过快、压力太大或突然用力，当锯条在锯缝中稍有卡紧时就容易被卡住并折断。

⑤ 更换新锯条后，新锯条容易在旧锯缝中造成夹锯而折断。一般应更换方向再开始锯削，如果仍在旧锯缝中锯削时，应减力、慢速和细心地锯削。

⑥ 工件被锯断时没有减慢锯削速度和减小锯削力，使手锯突然失去平衡，碰撞到台虎钳等物体而使锯条折断。

⑦ 锯削过程中停止工作，但未将手锯从锯缝中取出而碰断或锯弓突然从锯缝中掉落到底面摔断。

⑧ 锯削基本操作不熟练或操作不慎。

4.3.3　锯齿过早磨损的原因

锯齿过早磨损的原因有以下几点。

① 锯削速度太快，使锯条过度发热，加剧锯条的磨损。

② 锯削的材料偏硬。

③ 锯削硬材料时没有加冷却液。

④ 推拉锯弓过程中，没有充分利用锯条的有效全长，短行程，加快锯条局部磨损。

4.3.4　锯缝歪斜的原因

锯缝歪斜的原因有以下几点。

① 工件装夹时锯缝不垂直于水平面，发生偏斜。

② 锯条安装得过松或歪斜、扭曲。

③ 锯削过程中压力过大，使锯条左右摆动。

④ 锯削过程中未握正锯弓或用力过大使锯条背离锯缝中心平面。

4.3.5　锯缝歪斜的防止与纠正方法

（1）锯缝歪斜的防止方法　锯弓是一般的手工工具，锯条安装夹紧后，其侧平面一般并不是和弓架的侧平面处于同一平面或构成平行的状态，这时可利用一些工具进行适当的矫正。但条身与弓架的侧平面仍然有一定的倾斜角度 α，如图 4-26（a）所示。如果要以弓架的侧平面为基准对工件进行锯削时，锯缝就容易发生歪斜，如图 4-26（b）所示。因此在锯削中应注意两点：一是弓架的握持与运动要以条身侧平面为基准，条身应与加工线平行或重合，如图 4-26（c）所示；二是在锯削中应不断观察并及时调整，这样才能有效地防止锯缝歪斜。

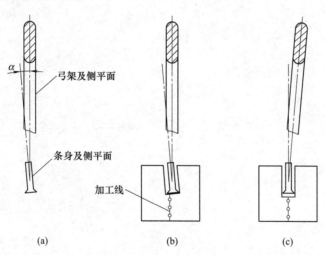

图 4-26　锯缝歪斜的防止方法

（2）锯缝歪斜后的纠正方法　在锯削加工中，锯缝如果发生较明显歪斜时，如图 4-27（a）所示，可利用锯路的特点采用"悬空锯"的方法进行纠正。其操作方法是：先将锯条尽量调紧绷直，将条身悬于锯缝歪斜的弯曲部位稍上位置，如图 4-27（b）所示，左手拇指与食指、中指相对地捏住条身前 1/3 处，并适度用力扭转条身向弯曲点一侧自上而下地进行修正锯削，此时，锯削行程不宜过长，一般控制在 80mm 左右，当

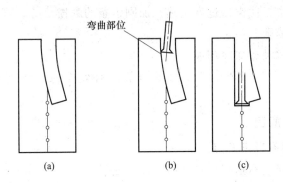

图 4-27　锯缝歪斜的纠正方法

修正的锯缝与加工线平行或重合时，即可恢复正常锯削，如图 4-27（c）所示。

第5章 锉　削

用锉刀对工件表面进行切削加工，使其达到图纸要求的形状、尺寸、精度和表面粗糙度等，这种加工方法称为锉削。锉削加工的尺寸精度可达到 0.01mm，公差等级为 IT7～IT8，表面粗糙度 Ra 为 1.6～0.8μm。锉削加工范围广，可加工内外平面、内外曲面、内外角、沟槽、各种复杂表面和锉配等，常用于零件制造、样板、模具、机器的装配、维修和调整。锉削是钳工的重要操作技能之一，也是较难掌握的一项技能。尽管锉削加工效率不高，但在现代工业生产中，用途仍很广泛。

5.1　锉刀

锉刀是锉削加工的主要工具。锉刀一般采用 T12、T12A 或 T13，经过淬火等工序加工而成，经过表面淬火热处理后，其硬度可达 62～67HRC。锉刀耐磨、易脆、韧性差。

5.1.1　锉刀的构造

锉刀由锉身、锉尾、锉身平行部分、梢部、锉肩、主锉纹、辅锉纹、边锉纹、主锉纹斜角、辅锉纹斜角、边锉纹斜角、锉纹条数、锉齿底线、齿前角和尺高等部分组成，如图 5-1 所示。

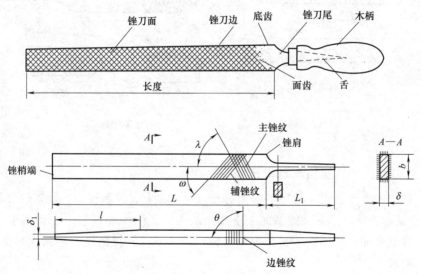

图 5-1　锉刀的构造及各部分名称

① 锉刀面是锉刀的主要工作面，一般在锉刀面的纵长方向略呈不规则的凸弧状，其目的是防止热处理变形后，不至于使某一锉刀面变凹，以抵消锉削时因锉刀上下摆动而产生工件中凸现象，保证工件能锉的平直。

② 锉刀边是指锉刀的两个侧面，有齿边和光边之分。齿边也可切削金属，光边可起导向作用。在锉削内直角面时，用光边靠在已加工的面上去锉另一直角面，防止碰伤已加工表面。

③ 锉尾是指锉刀尾的锥部，插入锉刀柄中，锉削时便于握持和传递推力。

④ 锉齿是在锉削过程中，进行切削的锉刀齿，锉削时每个刀齿相当于一把錾子，如图 5-2 所示。锉刀齿的齿形有铣齿和剁齿两种加工方法，如图 5-3 所示。

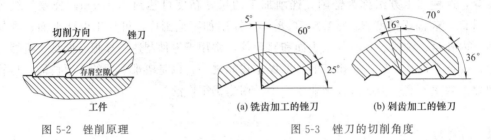

图 5-2 锉削原理　　　　　　　　　　(a) 铣齿加工的锉刀　　(b) 剁齿加工的锉刀

　　　　　　　　　　　　　　　　　　　　图 5-3 锉刀的切削角度

⑤ 锉纹是锉齿有规则排列的图案，锉纹有单齿纹与双齿纹两种。单齿纹锉刀，锉齿为正前角切削，齿强度弱，全齿宽参加切削，增大了切削阻力，切屑不易破碎，多用于锉削软金属。双齿纹锉刀主锉纹覆盖在辅锉纹上，主、辅锉纹交叉成一定角度，形成很多前后交错排列的刀齿容屑槽，使其锉面间断，达到分屑断屑作用，因此在锉削时比较省力，比较适合锉削硬材料，如图 5-4 所示。

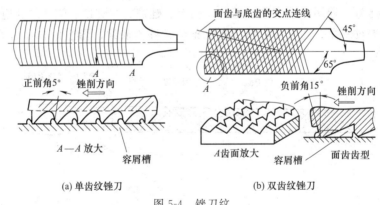

(a) 单齿纹锉刀　　　　　　　　　(b) 双齿纹锉刀

图 5-4 锉刀纹

5.1.2　锉刀的类型、规格与基本尺寸

（1）锉刀的类型　钳工常用的锉刀有普通钳工锉刀、异形锉刀、什锦锉刀三类。

① 普通钳工锉刀。它是锉削加工中应用最为广泛的一类锉刀，主要用于一般工件的加工。按其断面形状不同，又分为平（扁）锉、方锉、三角锉、半圆锉和圆锉五种，如图 5-5 所示。

图 5-5　普通钳工锉断面形状

② 异形锉刀。用来加工零件的特殊表面。有蛇形锉、刀口锉、菱形锉等，如图 5-6 所示。

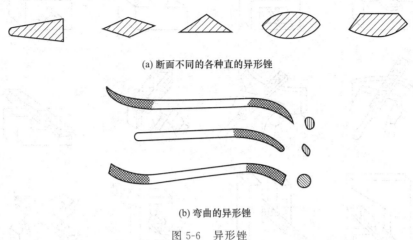

(a) 断面不同的各种直的异形锉

(b) 弯曲的异形锉

图 5-6　异形锉

③ 什锦锉刀。用来整修、锉削细小零件、窄小表面加工与冲模、样板的精细加工和修整工件上的细小部分。按其断面形状不同，又分为扁锉、半圆锉、三角锉、方锉、圆锉、菱形锉、单面三角锉、刀形锉、双半圆锉和椭圆锉等，如图 5-7 所示。

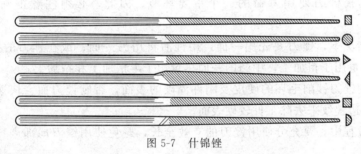

图 5-7　什锦锉

(2) 锉刀的规格　锉刀的规格主要有尺寸规格和粗细规格。尺寸规格一般以锉刀长度表示，普通钳工锉刀是以锉身长度作为规格，异形锉刀和整形锉刀是以锉刀全长作为尺寸规格。粗细规格按锉纹号表示，即以每 10mm 轴向长度内的锉纹条数划分为五个等级，即 1、2、3、4、5 级。依次为粗齿锉刀、中齿锉刀、细齿锉刀、双细齿锉刀和油光锉刀五个等级。

5.1.3　锉刀的选用与保养

(1) 锉刀的选用原则

每种锉刀都有其适当的用途和不同的使用场合，锉刀的选用是否合理，对加工质量、加工效率以及锉刀的使用寿命都有很大的影响，锉削前必须认真选择合适的锉刀。通常应根据工件锉削余量的大小、锉削表面的形状及大小、精度要求的高低、材料性质以及表面粗糙度的大小来决定，如图 5-8 所示。

一般情况下，粗齿锉刀、中齿锉刀主要用于加工余量大、加工精度低和表面粗糙度要求不高的工件的粗加工；细齿锉刀主要用于加工余量小、加工精度高和表面粗糙度要求高的工件的半精加工；油光锉刀主要用于表面光整加工。

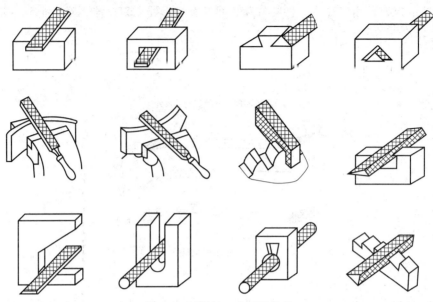

图 5-8　不同加工表面的锉削

（2）锉刀的使用和保养　合理选用锉刀是保证锉削质量的前提，正确使用和保养锉刀，则是延长锉刀使用寿命的一个重要环节，因此，必须注意正确使用和保养锉刀。

① 一般情况下，锉刀要先用一面，用钝后再用另一面；或在锉刀的两锉刀面中，中凹的一面尽量用于粗加工，中凸的一面尽量用于半精加工和精加工。

② 不要用锉刀锉削毛坯的硬皮及刚件淬硬的表面，否则锉刀面会快速磨损，可用平锉刀两侧的边锉纹来去除工件较硬表面。

③ 锉削过程中，要充分使用锉刀的有效全长，避免使用锉刀局部进行锉削，致使锉齿局部磨损。

④ 发现切屑嵌入纹槽内或每次用完后应用铜丝刷或铜片顺着齿纹方向清理干净嵌入的切屑，如图 5-9 所示。

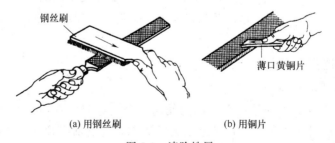

钢丝刷

薄口黄铜片

(a) 用钢丝刷　　　　　　(b) 用铜片

图 5-9　清除铁屑

⑤ 严禁将锉刀作为撬杠或手锤使用。

⑥ 锉削中不允许用手摸锉削表面，以免再锉时发生打滑。锉刀上不允许沾水、沾油。

⑦ 用整形锉刀锉削时用力不要过大，防止整形锉刀折断。

⑧ 不允许使用未安装锉刀柄的锉刀，或锉刀柄已经开裂的锉刀。

⑨ 锉刀不能与锉刀或其他工具、量具和工件重叠放置在一起，防止损坏锉齿。

⑩ 锉刀放在钳台桌上不允许露出桌沿，防止因碰撞掉下砸伤脚或摔坏锉刀。

⑪ 不许用手擦铁屑，更不允许用嘴吹铁屑，要用毛刷清除。

5.1.4　锉刀柄的装卸方法

锉削时为了握持锉刀和传递推力，锉刀必须装上锉刀柄，锉刀柄是用硬木和塑料制成的。木质锉刀柄是由木柄体和金属柄箍构成的，木质锉刀柄必须装上金属柄箍方能使用。锉刀柄的规格分大、中、小三号。一般根据锉刀的长度配置适合的锉刀柄。

装拆锉刀柄时，应在台虎钳上进行。

① 安装锉刀柄时，左手大拇指与其他四指捏住锉刀柄，右手大拇指与其他四指捏住锉刀身，如图 5-10 所示，将锉刀尾插入柄孔，在台虎钳上面垂直向下适当用力镦紧。安装木质锉柄时，用力不要太大，以免损坏锉柄。

② 拆卸锉刀柄时，左手捏住锉刀柄，右手捏住锉刀身在台虎钳两钳口上往下用力碰撞，或水平适当用力撞击锉刀柄退出，如图 5-11 所示。

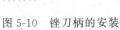

图 5-10　锉刀柄的安装

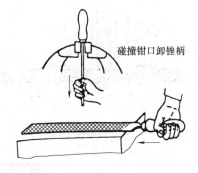

碰撞钳口卸锉柄

图 5-11　锉刀柄的拆卸

5.2　锉削方法

5.2.1　锉刀的握法

拿较大钳工锉锉削时，一般情况下右手握住锉刀柄，柄端贴靠在大拇指肌肉的根部，大拇指放在锉刀柄的上部，大拇指根部压在锉刀头上，其余四指满握手柄自然弯向手心并收紧，如图 5-12 所示。这是使用最多、也是最基本的锉刀柄的握法。

按锉刀的大小和形状不同，锉刀有多种不同的握持方法。有手掌压锉法、手掌扣锉

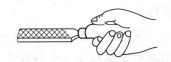

图 5-12　右手握持较大锉刀柄的基本握法

法、手指按压锉法、双手抱锉法、横推握锉法、掰锉法、牵锉法、整形锉正握法、整形锉反握法，如图 5-13 所示。

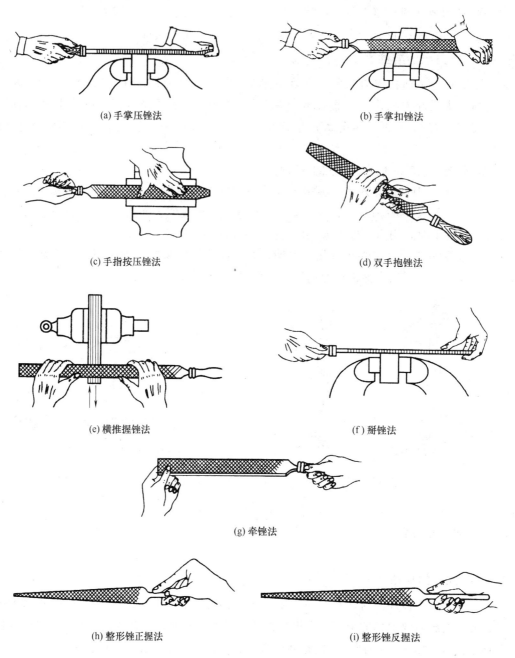

(a) 手掌压锉法

(b) 手掌扣锉法

(c) 手指按压锉法

(d) 双手抱锉法

(e) 横推握锉法

(f) 掰锉法

(g) 牵锉法

(h) 整形锉正握法

(i) 整形锉反握法

图 5-13　锉刀的握法

5.2.2　手臂姿势

锉削时，对上半身及手臂姿势的要求是：以锉刀长度方向的中心线为基准，右手握持锉刀柄时，右前臂基本与锉刀中心线成一条直线，身体位置与台虎钳中心平面成约45°角。在锉削运动中，有并肩法、展肩法两种姿势，如图 5-14 所示。

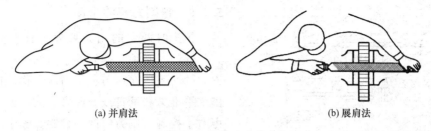

(a) 并肩法　　　　　　　　　　　　(b) 展肩法

图 5-14　锉削时手臂姿势

5.2.3　站立姿势

锉削时，对站立姿态的要求是：身体位置与台虎钳中心平面成约 45°角。两脚大致与肩同宽，左脚向前迈半步，左脚与台虎钳中心平面成约 30°角，右脚与台虎钳中心平面成约 75°角，身体中心偏向左脚，右脚自然伸直，不要过于用力，右膝随锉削的往复运动而屈伸，视线盯在工件的切削部位上，如图 5-15 所示。

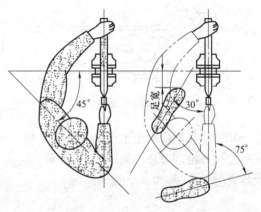

5.2.4　锉削操作姿势

锉削时，在锉刀向前锉削的过程中，身体稍向前倾斜 10°左右，右肘尽量向后缩；开始锉削到前 1/3 行程时，身体前倾 15°左右，重心在左脚，左膝微曲；锉

图 5-15　锉削站立姿态

削到中 1/3 行程时，右肘向前推进锉刀，身体倾斜 18°左右；锉削到后 1/3 行程时，右肘继续向前推进锉刀，身体随锉削时的反作用力自然地退回到 15°左右；将身体中心后移，使身体恢复原位，同时将锉刀稍微抬起收回，至此，一个锉削行程完成；在收回即将到位时，身体又开始先与锉刀前倾，开始作第二次锉削运动。除了准备动作外，一个锉削行程分为锉刀推进行程和锉刀回退行程两个阶段。锉削速度一般在每分钟 40 次左右，推进行程时稍慢，回退行程时稍快，如图 5-16 所示。

锉削要领：两脚站稳，身向前倾；左脚重心，屈伸左膝；两臂配合，往复运动。

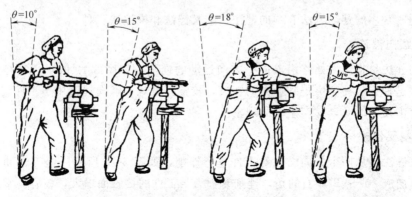

图 5-16　锉削操作姿势

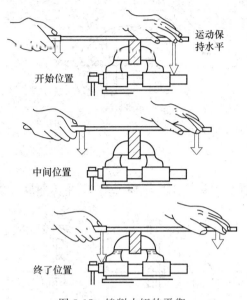

图 5-17　锉削力矩的平衡

5.2.5　锉削力矩的平衡

锉削时两手的用力要保证锉削表面平直，锉削时必须掌握好锉削力的平衡。推进锉刀的两手压在锉刀上的力应平稳。锉削力由水平推力和垂直压力两者合成，推力主要由右手控制，压力由两手控制，锉削时由于锉刀两端伸出工件的长度在不断变化，因此两手对锉刀的压力大小也必须跟随着变化，如图 5-17 所示。开始时左手的压力要大，右手压力要小；随着推进到中间位置时，左、右手压力相同；终了时左手的压力要小，右手压力要大。

5.2.6　锉削工件的装夹

工件必须牢固地夹持在台虎钳的中间，伸出钳口不能太高，一般为 10mm 左右，太高会使工件在锉削时产生振动。装夹已加工表面时，应在台虎钳钳口加上紫铜皮垫片或其他较软的钳口垫片，如图 5-18 所示。装夹工件要牢固，拧紧时用力不要太大，以免工件发生变形。

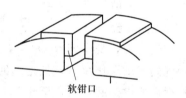

软钳口

图 5-18　台虎钳软钳口垫

5.3　平面的锉削与检测

锉削时常用的锉削方法有顺向锉法、交叉锉法和推锉法三种。

5.3.1　顺向锉法

顺向锉法是指锉刀始终沿着同一方向运动的锉削，如图 5-19 所示。它是锉削的基本方法，这种方法锉削可得到顺直的锉痕，较整齐美观。顺向锉适用于工件表面最后的锉光，锉削技术低时，易产生中凸现象。

5.3.2　交叉锉法

交叉锉法是从两个方向交叉对工件进行锉削，如图 5-20 所示。锉刀运动方向与工件夹持方向成 30°～45°左右的角，锉削时锉刀与工件的接触面增大，较容易掌握好锉刀的平稳，但锉纹交叉。这种锉削方法可从锉痕上显示出锉削面的高低情况，较容易地把

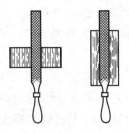

图 5-19　顺向锉法

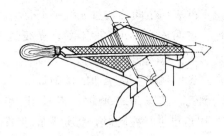

图 5-20　交叉锉法

高处锉去，表面容易锉平，但锉痕不顺直，所以当锉削余量大时，可先采用交叉锉法，或者粗锉时采用交叉锉法，精锉或余量小时必须采用顺向锉法，使锉削表面纹理顺直且美观。

5.3.3　推锉法

推锉法是用两手对称地横握锉刀，用大拇指平稳地沿工件表面来回推动进行锉削的方法，如图 5-21 所示。这种方法在推锉时锉刀的平衡容易掌握，切削量很小，可获得较平的锉削表面、较小的表面粗糙度和顺直的锉纹。但锉削效率不高，常用于精锉和修顺锉纹。

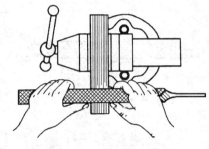

图 5-21　推锉法

在锉削较宽平面时，为了使整个加工表面得到均匀的锉削，当退回锉刀时，锉刀应向旁边作适当的移动，这样可使整个加工表面得到均匀的锉削，如图 5-22 所示。

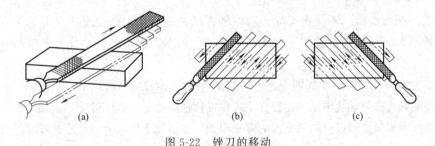

(a)　　　　　　　　(b)　　　　　　　　(c)

图 5-22　锉刀的移动

5.3.4　锉削平面的检验方法

平面锉削的检验包括平面度的检验和垂直度的检验。

（1）平面度的检验　在平面的锉削过程中或锉好后，通常采用刀口尺以透光法来对工件进行检验，如图 5-23 所示。刀口尺沿锉削面的横向、纵向和对角线方向进行检查，

图 5-23　平面度的检查

根据刀口与工件表面之间的透过光线强弱是否均匀，来判断平面度的误差。若透过的光线强弱不均，说明该检测处凸凹不平，光线最强的部位最凹，光线最弱的部位最凸。若光线微弱且均匀，则表明该检测处较平直。

（2）垂直度的检验　在平面的锉削过程中或锉好后，在检验之前，先用细齿锉刀将工件的锐边倒钝，如图 5-24 所示。再采用 90°角尺以透光法来对工件进行检验，如图 5-25 所示。用角尺进行检验时，将角尺的基准边轻轻地贴紧在工件的基准面上，慢慢向下移动，当角尺的测量边垂直接触到检测表面时，用透光法检验，要求与平面度的检验相同。角尺不能斜放，会造成检测不准确。

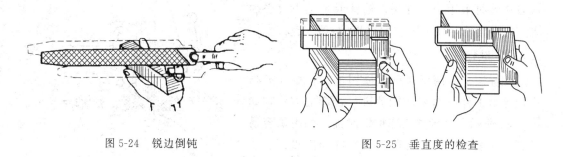

图 5-24　锐边倒钝　　　　　　　　　　图 5-25　垂直度的检查

5.4　曲面、球面的锉削与检测

5.4.1　外圆弧面的锉削

锉削外圆弧面时，不仅有平面锉削时锉刀的向前运动，还要有锉刀沿工件弧面的转动，因此锉削外圆弧面，锉刀要完成两种运动。根据其锉刀的运动分为横向和顺向圆弧的锉削方法。

（1）横向外圆弧锉法　如图 5-26 所示，锉削时，锉刀的向前运动与圆弧轴线平行，锉刀沿工件圆弧绕圆弧轴线转动。这种方法容易发挥锉削力量，锉削效率高，便于按划线均匀地锉近弧线，但只能锉成近似圆弧面的多棱形面，故适用于加工余量大的圆弧面的粗加工。

（2）顺向外圆弧锉法　如图 5-27 所示，锉削时，锉刀的前进方向与圆弧轴线方向垂直，并绕工件圆弧中心转动。顺着圆弧面锉削时，锉刀向前，右手把锉刀柄部下压，左手把锉刀前端上抬，在上抬和下压的过程中要施压并推进锉刀，如此反复，锉刀上抬

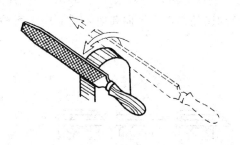

图 5-26　横向外圆弧锉法

图 5-27　顺向外圆弧锉法

和下压的摆动幅度要大,才易于锉圆,并随时用外圆弧样板检验修圆,直到圆弧面基本成形。这种锉削方法能使圆弧面圆滑光洁,但不易发挥锉削力量,锉削位置不易掌握且效率不高,适用于加工余量不大或精锉圆弧。

5.4.2　内圆弧的锉削

锉削内圆弧时,锉刀要同时完成三个运动,即沿轴向作前进运动、向左或向右移动半个到一个锉刀的宽度、绕锉刀轴线转动约 90°,如图 5-28 所示。锉削内圆弧的锉刀可选用圆锉或半圆锉。锉内圆弧时,只有同时完成三个运动,并随时用圆弧样板检验修圆,才能保证锉出的内圆弧光滑、准确。

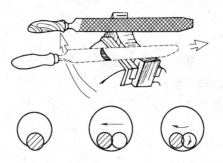

图 5-28　内圆弧的锉法

5.4.3　球面的锉削

锉削圆柱端部球面的方法,如图 5-29 所示,用锉刀沿外圆弧面作顺向滚锉动作,一边绕球面的球心作周向摆动。圆柱端部球面的锉法有直向锉法和横向锉法两种。检验球面的曲面轮廓可用 R 规或样板,如图 5-30 所示。

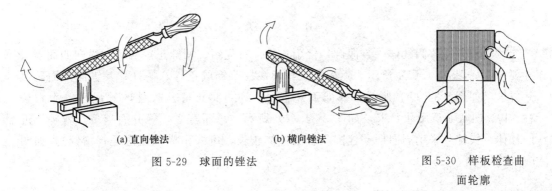

(a) 直向锉法　　　　　(b) 横向锉法

图 5-29　球面的锉法

图 5-30　样板检查曲
面轮廓

5.4.4　基本形面的锉削

(1) 内外棱角锉削方法

① 倒角　为便于装配和使用,将工件外棱角处斜切成一定角度和边长的过渡平面(即为倒角面)的加工方法称为倒角。如 $C0.5$、$C1$、1×2、$1 \times 30°$、$1 \times 60°$ 等。$C0.5$ 是倒角 45°,直角边是 0.5 时的简化标注,30°、60° 的倒角就不能简化标注,如图 5-31 所示。习惯上将直角边 <0.5 的倒角称为倒棱,倒棱的目的是去除工件外棱角处的毛刺,以便于测量、装配和使用,如 $C0.4$、$C0.3$、$C0.2$、$C0.1$ 等。

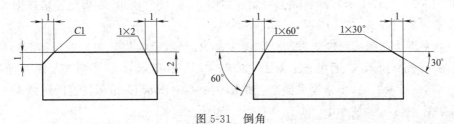

图 5-31　倒角

② 倒圆 为便于装配和使用，将工件外角顶处加工成圆弧面的加工方法称为倒圆。例如 R1、R2 等，如图 5-32 所示。

图 5-32 倒圆

③ 清角 为防止加工干涉或便于装配和型面加工，将工件内棱角处加工出一定直径的工艺孔（如 φ1、φ2 等）或一定边长的工艺槽称为清角（如 1×1、2×2 等）。工艺孔可采用钻孔或锉削加工，工艺槽可采用锉削或锯削加工。如图 5-33 所示。

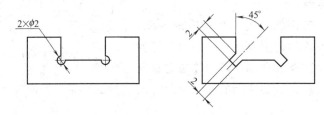

图 5-33 清角

（2）四方体改圆柱体（方改圆）锉削方法 首先粗、精锉正等四棱柱纵向四面至尺寸要求，如图 5-34（a）所示。然后将正等四棱柱改锉成正等八棱柱，其纵向四面至尺寸要求，如图 5-34（b）所示。根据工件直径，还可将正等八棱柱改锉成正等十六棱柱，其纵向八面至尺寸要求，如图 5-34（c）所示。总而言之，等分面越多，就越接近圆柱体，精锉可采用周向摆动锉削（若圆柱体较长，可采用横推锉法进行精锉），如图 5-34（d）所示。

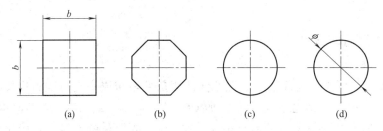

图 5-34 四方体改圆柱体

（3）两平面接凸圆弧面锉削方法 首先粗、精锉相邻两平面（1、2 面）并达到要求，如图 5-35（a）所示，然后除去一角［如图 5-35（b）所示］，再粗、精锉圆弧面并达到要求，如图 5-35（c）所示。

（4）平面接凹圆弧面锉削方法 如图 5-36（a）所示为加工图。先粗锉凹圆弧面 1［如图 5-36（b）所示］，后粗锉平面 2［如图 5-36（c）所示］；再半精锉凹圆弧面 1［如图 5-36（d）所示］，后半精锉平面 2［如图 5-36（e）所示］；最后精锉凹圆弧面 1 和平面 2［如图 5-36（f）所示］。

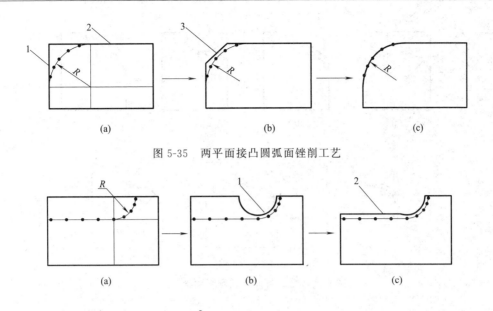

图 5-35　两平面接凸圆弧面锉削工艺

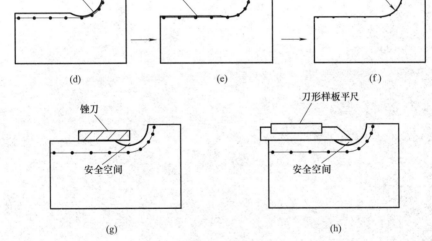

图 5-36　平面接凹圆弧面锉削工艺

从以上可以看出，平面接凹圆弧面的锉削工艺是将凹圆弧面和平面作为两个独立的面来进行锉削加工，即先锉凹圆弧面，后锉平面，通过粗锉、半精锉和精锉三个基本工序来进行先后分层加工并且达到加工要求。先锉凹圆弧面，这样可以形成安全空间，可以保障平面锉削的加工质量，可一定程度防止在锉削平面时出现对凹圆弧面的加工干涉［如图 5-36（g）所示］，同时可防止在测量平面的直线度时出现测量干涉［如图 5-36（h）所示］。

（5）凸圆弧面接凹圆弧面锉削方法　如图 5-37（a）所示为加工图。首先除去加工线外多余部分［如图 5-37（b）所示］，先粗锉凹圆弧面 1［如图 5-37（c）所示］，后粗锉凸圆弧面 2［如图 5-37（d）所示］；再半精锉凹圆弧面 1［如图 5-37（e）所示］，后半精锉凸圆弧面 2［如图 5-37（f）所示］；最后精锉凹圆弧面 1 和凸圆弧面 2［如图 5-37（g）所示］。

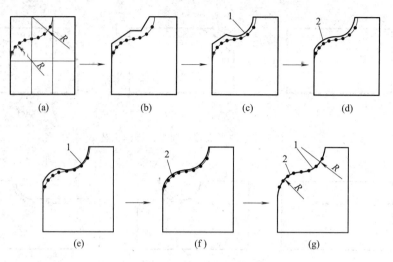

图 5-37　凸圆弧面接凹圆弧面锉削工艺

第6章 錾 削

錾削是用手锤敲击錾子，对金属工件进行切削加工或对板料、条料进行切割加工的操作方法。錾削的基本操作常用在不便于机械加工的单件生产的场合。可錾削平面、分割板料、条料、沟槽以及除去毛坯的飞边和毛刺等。

錾削加工是钳工操作中一项比较重要的基本操作，每次錾削金属层的厚度一般为0.5～2mm，錾削工作效率低，劳动强度大，但錾削加工所用的工具简单、操作方便、加工灵活。

6.1 錾削工具

錾削工具主要是錾子和手锤。

6.1.1 錾子

錾子是錾削基本操作中的刃具，是最简单的切削刀具，多由碳素工具钢锻制成形，切削部分制成所需的楔形后，经热处理，刃磨后便能满足切削要求。錾子之所以在外力作用下能对金属进行切削，一是刃部的材料比工件材料硬；二是切削部分具有楔的形状。錾削加工如图6-1所示。

（1）錾子的种类及用途　錾子的形状是根据錾削对象不同而设计的，通常制成以下三种类型，如图6-2所示。

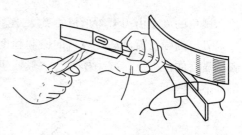

图 6-1　錾削示意

① 扁錾　又称平錾、阔錾，扁錾的刃口较长，切削部分扁平，用于錾削平面、切断板料、切断小直径棒料；去除凸缘、毛刺、毛边等，应用最广泛。

② 狭錾　狭錾又称尖錾、窄錾，狭錾的切削刃较短，且刃的两侧面自切削刃起向柄部逐渐变狭窄，以保证在錾槽时，两侧不会被工件卡住。主要用来錾直槽或沿曲线分割板料。

③ 油槽錾　油槽錾的刃部制成弧形，主要用来錾削润滑油槽。

（2）錾子的构造　錾子由錾顶、錾身及錾刃三部分组成，如图6-3所示。錾子长度一般为150～200mm。錾顶一般制成锥形，顶部略带球形凸起，以便锤击力能通过錾子轴心，使受力集中、錾子不偏斜、刃口不易损坏；为防止錾子在手中转动，錾身一般制成扁形，以便操作者握持。

切削部分由前刀面、后刀面和切削刃组成。

① 前刀面是指錾子工作时，切屑从錾子上留出的表面。

② 后刀面是指錾子工作时，錾子上与工件已加工表面相对的表面。

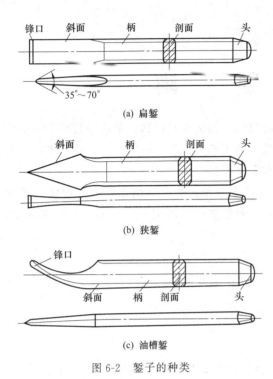

图 6-2 錾子的种类

③ 切削刃是指錾子前刀面与后刀面相交的交线。

（3）錾子切削时的几何角度 錾子切削时的三个几何角度，如图 6-4 所示。

① 前角 γ 前刀面与基面之间的夹角。前角的大小决定了切削变形的程度及切削的难易度，其作用是减少錾削时切屑的变形，使切削轻快省力。前角越大，切削越省力。

② 后角 α 后刀面与切削平面之间的夹角。后角的大小决定了切入深度及切削的难易程度；后角越大，切入深度就越大，切削越困难；后角越小，切入就越浅，切削越容易，但切削效率低。如果后角太小，会因切入分力过小而不易切入材料，錾子会从工件表面滑过。一般后角 $\alpha = 5° \sim 8°$ 较为适中。

③ 楔角 β 前刀面与后刀面之间的夹角。楔角的大小由刃磨时形成，其大小影响切削部分的强度及刃口的锋利程度。楔角越大，刃口的强度就越高，刃口的锋利程度降低，受到的切削阻力也越大。因此，应该在满足强度的前提下，减小楔角。一般，錾削硬材料时，楔角可大些；錾削软材料时，楔角可小一些。

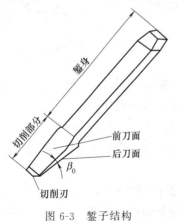

图 6-3 錾子结构

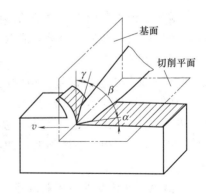

图 6-4 錾削时的切削角度

6.1.2 手锤

錾削是利用手锤的锤击力使錾子錾切金属工件的，手锤是錾削加工必需的工具，也是钳工在装拆零件时的重要工具。手锤由锤头、锤柄等组成，如图 6-5 所示。根据用途不同，锤头有软锤头和硬锤头两种。软锤头有铝锤、铜锤、硬木锤、橡胶锤等几种，有时也在硬锤头上镶或焊一段铝或铜；软锤头一般用于工件拆卸、装配和校正。硬锤头主要用碳素工具钢锻造而成，锤头两端锤击处经热处理淬硬后磨光。手柄用硬木制成，手柄的截面形状为椭圆形，以便操作者定向握持，其长度为 300～350mm 左右。手锤的常见形状适用较多的是两端为球面的一种；手锤的规格是根据锤头的质量来决定的，常用的有 0.25kg、0.5kg、1kg 等几种。如 0.5kg 的锤子柄长一般为 350mm，锤子柄过长，会使操作不便，过

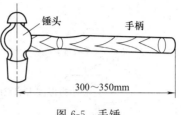

图 6-5　手锤

短则又使挥力不够。如图 6-6 所示为握持锤柄的方法。为了使锤头和锤柄可靠地连接在一起，锤头的孔做成椭圆形。木柄装入后，再敲入金属楔子，以确保锤头与锤柄不会松脱，如图 6-7 所示。

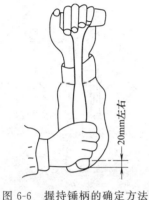

图 6-6　握持锤柄的确定方法

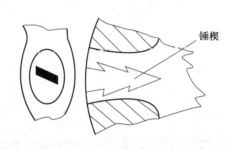

图 6-7　手锤装入楔子

6.2　錾削基本操作

6.2.1　錾子的握法

錾子主要用左手的中指、无名指和小指握持，大拇指与食指自然合拢，让錾子的头部伸出约 20mm 左右。錾削时，小臂要自然平放，使之处于水平位置，并使錾子保持正确的后角。錾子的握法有正握法、反握法和立握法三种，如图 6-8 所示。錾子不要握得太紧，应轻松自如地握持，否则，锤击时手指受到很大的震动，使手部震麻，甚至受伤。

6.2.2　手锤的握法

手锤的握法分紧握法和松握法两种，如图 6-9 和图 6-10 所示。

（1）紧握法　用右手食指、中指、无名指和小指紧握锤柄，锤柄尾端露出 15～30mm，大拇指压在食指上，虎口对准锤头方向，敲击过程中五指始终紧握。

（2）松握法　使用时只有大拇指和食指始终握紧锤柄。锤击过程中，当锤子打向錾子时，中指、无名指、小指在运锤过程中依次握紧锤柄。挥锤时以相反的顺序放松手指，操作熟练后，可增大锤击力，减轻操作者的疲劳。

6.2.3　挥锤方法

挥锤的方法分腕挥、肘挥和臂挥三种，如图 6-11 所示。

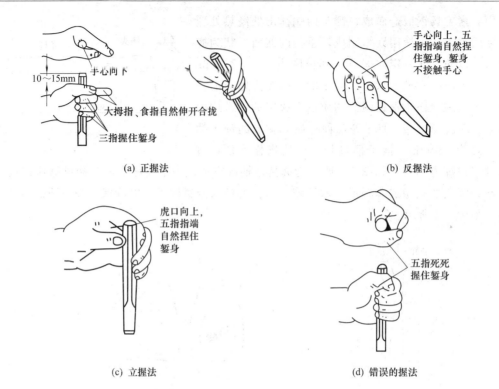

图 6-8　錾子的握法

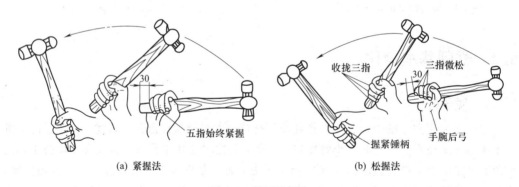

图 6-9　手锤的握法

（1）腕挥　腕挥是只用手腕的运动进行挥锤。锤击力较小，一般用于錾削的开始和结尾。錾削油槽时，由于切削量不大也常用腕挥。

（2）肘挥　是用手腕和肘一起运动来挥锤。锤击力较大，应用最广泛。

（3）臂挥　是用手腕、肘和全臂一起挥锤。锤击力最大，用于需要大力錾削的场合。

挥锤要求准、稳、狠。"准"就是要命中率高；"稳"就是节奏速度为每分钟 40 次；"狠"就是锤击要有力，动作要有节奏地进行。

图 6-10　手锤的错误握法

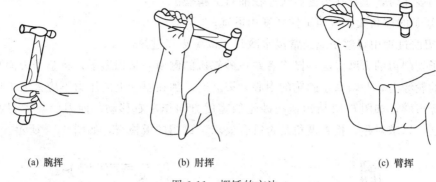

(a) 腕挥   (b) 肘挥   (c) 臂挥

图 6-11 挥锤的方法

6.2.4 錾削站立位置与姿势

錾削操作与锯削时的姿势基本一致。如图 6-12 所示，稳稳地站在台虎钳近旁，与台虎钳中心平面约成 45°角，通常是左脚向前半步，与台虎钳中心平面约成 30°角，右脚在后，与台虎钳中心平面约成 75°角，约一锤柄的长度。左腿不要过分用力，膝盖微曲，保持自然。右腿站稳伸直，作为主要支点，两脚成"V"形。左手握錾子使其在工件上保持正确的角度；右手挥锤，使锤头沿弧线运动，进行敲击。锤击时眼睛应注视錾刃，以便观察錾削情况，而不应注视錾顶捶击处。

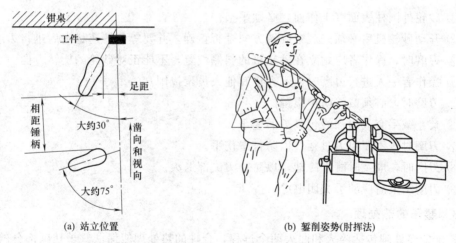

(a) 站立位置   (b) 錾削姿势(肘挥法)

图 6-12 錾削操作姿势

6.3 錾子的刃磨和热处理

6.3.1 錾子的刃磨

錾子切削部分的好坏，直接影响到錾削质量和工作效率，通过正确的刃磨楔角大小，使切削刃锋利。錾子的刃磨要求如下。

① 楔角被錾子中心线等分，油槽錾除外。

② 前刀面与后刀面应光洁、平整和对称。若錾削要求高，如錾削光滑的油槽或加

工光洁的表面时，錾子在刃磨后还应在油石上精磨。

③ 錾子的楔角大小应与工件硬度相适宜。

④ 刃磨过程中，錾子应经常浸水冷却，以免刃口过热退火。

錾子切削刃的刃磨方法：操作者站在砂轮机的侧面，拿稳錾子，将錾子刃面平放置于砂轮的轮缘上，并略高于砂轮的中心，刃磨时，加在錾子上的压力不应太大，应轻加压力进行刃磨，如图 6-13 所示。在砂轮的宽度方向作左右移动。前刀面与后刀两面要交替刃磨，以求对称。检查楔角是否符合要求，可用样板检查，如图 6-14 所示。

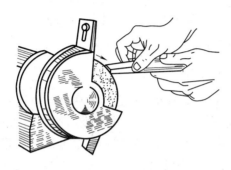
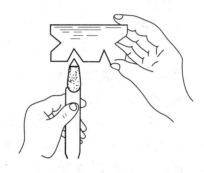

图 6-13　錾子的刃磨　　　　　图 6-14　用样板检查楔角

6.3.2　刃磨操作安全规程

① 砂轮外圆柱表面（工作面）必须平整。

② 开动砂轮机后必须先观察旋转方向是否正确，并要等到转速稳定后进行刃磨。

③ 刃磨时，操作者应站立在砂轮机的斜侧位置，不能正对砂轮的旋转方向。

④ 操作者一人进行刃磨时，不允许其他人员聚拢围观。

⑤ 刃磨时，必须戴好防护眼镜。

⑥ 禁止戴手套或用棉纱包裹刃磨錾子。

⑦ 刃磨时，不要用力过猛，以防打滑伤手。

⑧ 刃磨时，应及时蘸水冷却，以防止刃尖部退火。

⑨ 刃磨结束后应随手关闭电源。

6.3.3　錾子的热处理

錾子的热处理包括淬火和回火两个过程，合理的热处理能保证錾子切削部分的硬度和韧性。热处理过程中，先把錾子切削部分约 20mm 的长度加热到呈暗樱红色，温度约为 750～780℃，然后迅速将錾子切削部分 5～6mm 浸入冷水中冷却，如图 6-15 所

图 6-15　錾子的淬火

示。为了加速冷却，可将錾子沿水平面微微移动，让微动的水波使淬硬部分与未淬硬部分不至于有明显的界线，避免錾削时沿分界线断裂。待冷却到露出水面的部分呈黑色时，然后取出，利用錾子上部的余热进行回火，以提高錾子的韧性。回火的温度可以根据錾子表面颜色的变化来判断，一般刚出水的刃口颜色是白色，随后白色变成黄色，再由黄色变成蓝色。当呈现黄色时，把錾子全部浸入冷水中冷却，这一

回火温度称为淬黄火。如果在呈蓝色时，把錾子全部浸入冷水中冷却，这一回火温度称为淬蓝火。黄火的錾子硬度较高，韧性差。蓝火的錾子硬度较低，韧性较好。一般可采用两者之间的硬度——黄蓝火。但是要注意的是，錾子出水后，由白色变成黄色，再由黄色变成蓝色的时间很短，所以要把握好时机，这样可以获得较高的硬度，又能保持较好韧性。

6.3.4　热处理安全操作规程

① 按规定穿戴好工作服、防护目镜、鞋和手套等防护用品。

② 操作时眼睛不要近距离盯着高温火焰，以免受到灼伤。

③ 从炉膛取出錾子时，要先关闭风门；不要用手去拿未冷却透的錾子。

6.4　錾削方法

6.4.1　錾削平面

錾削平面时，主要采用扁錾，每次錾削金属厚度为 0.5～2mm，余量太小，錾子易滑出，而余量太大又使錾削太费力，且不易将工件表面錾平。在錾削加工时，不论是怎样形状的工件，都有一个起錾和终錾的方法，对錾削质量的影响很大。开始錾削时从工件侧面的尖角处轻轻起錾，如图 6-16（a）所示，錾子和工件錾削平面成一负角，用手锤沿錾子中心线方向锤击，因尖角处与切削刃接触面小，易切入，能较好地控制加工余量，而不致产生滑移及振跳现象。当錾出一个三角形小面时，把錾子的切削刃放在小平面上，使切削刃全宽参与切削，按照正常的錾削角度进行錾削加工。如图 6-16（b）所示为正面起錾法。将錾子的刃口全部抵在工件錾削位置的端面，与工件形成负角，用手锤锤击出一个小面，然后按正常角度錾削。正面起錾法一般适用于錾削直槽或錾断板料等。

当錾子快到尽头，与尽头相距 10mm 左右时，应调头錾削，否则尽头的材料会崩

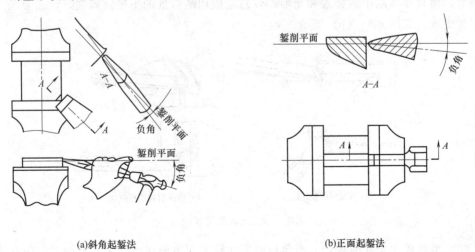

(a)斜角起錾法　　　　　　　　　　　　(b)正面起錾法

图 6-16　平面錾削起錾法

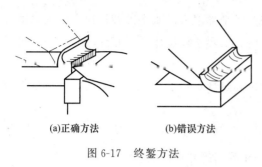

(a)正确方法　　　　(b)错误方法

图 6-17　终錾方法

裂，如图 6-17 所示。对铸件、青铜等脆性材料尤其应该如此。

錾削较窄平面时，应选用狭錾，錾子的刃口与錾削方向保持一定的角度，如图 6-18 （a）所示。这样錾削时易稳定錾子，防止錾子左右晃动而使錾出的表面不符合要求。

錾削较大平面时，应先用狭錾在工件上间隔錾削若干条平槽，如图 6-18 （b）所示。然后再用扁錾錾去剩余的部分，这样比较省力。

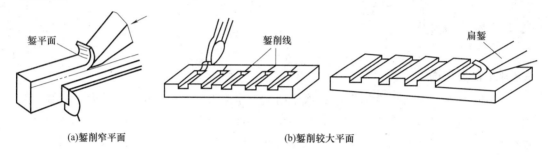

(a)錾削窄平面　　　　　　　　　　(b)錾削较大平面

图 6-18　錾削平面的方法

6.4.2　錾切板料

在没有剪切设备的场合下，可用錾削方法分割板料或分割形状较复杂的薄板工件。

（1）薄板夹持在台虎钳上錾切　当工件不大时，将薄板料牢固地夹在台虎钳上，并使工件的錾切线与钳口平齐，应用扁錾沿着钳口并斜对着薄板件，约 45°角，从右向左进行錾切，如图 6-19 （a）所示。因为斜对着錾切时，扁錾只有部分刃錾削，阻力小而容易分割材料，切削出的平面也较平整。錾切时，錾子的刃口不能平对着板料，这样不仅费力，而且在錾削中的弹震和变形，容易造成切断口处的不平或撕裂，使之錾削工件达不到要求，如图 6-19 （b）所示。

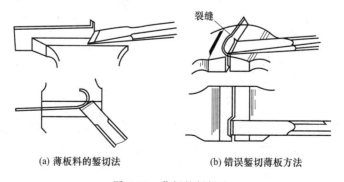

(a) 薄板料的錾切法　　　　　　(b) 错误錾切薄板方法

图 6-19　薄板的錾切法

（2）錾切较大尺寸薄板件　当薄板的尺寸较大而不便在台虎钳上夹持时，应在铁砧或平板上进行錾切。在板料下面垫上软钳铁，錾削时錾子应垂直于工作台，沿錾切线进行錾切，如图 6-20 所示。

（3）錾切形状较复杂的薄板件　当要在板料上錾切形状较复杂的薄板件时，为了减少工件变形，用密集钻排孔配合錾切，一般先按所划出的轮廓线钻出密集的排孔，再用扁錾或狭錾逐步切成，如图 6-21 所示。

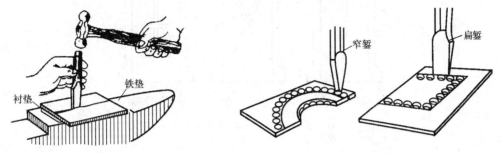

图 6-20　较大尺寸薄板件錾削　　　　　图 6-21　形状较复杂的薄板件錾切

6.4.3　油槽的錾削方法

油槽一般起储存和输送润滑油的作用，当用机床无法加工油槽时，可用油槽錾开油槽。

錾削油槽前，首先要根据油槽的断面形状和尺寸，对油槽錾的切削部分进行准确刃磨，同时在工件表面需錾削油槽部位准确划线，錾子的倾斜角度需随着曲面而变动，保持錾削时后角不变，这样錾削出的油槽光滑且深浅一致。錾削结束后，用刮刀或砂布等修光槽边毛刺，使槽的表面光滑，如图 6-22 所示。在平面上錾削油槽时，錾削方法与錾削平面基本上一致。

图 6-22　錾削油槽

（1）平面油槽的形式　平面油槽的形式一般有"X"形、"S"形和"8"字形等，如图 6-23 所示。

(a)"X"形　　　　　(b)"S"形　　　　　(c)"8"字形

图 6-23　平面油槽的形式

（2）曲面油槽的形式　曲面油槽的形式一般有"1"字形、"X"形和"王"字形等，如图 6-24 所示。

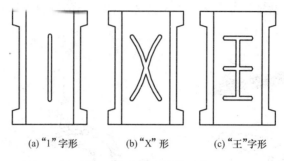

(a)"1"字形　　　(b)"X"形　　　(c)"王"字形

图 6-24　曲面油槽的形式

6.5　錾削的质量分析及安全知识

6.5.1　錾削时的质量分析

造成錾削表面不达要求的原因如下。

① 锤击的力度不均匀，錾削基本手法不熟练。

② 錾子刃口爆裂或刃口不够锋利。

③ 錾子未放正、未握稳。

④ 錾子的錾顶部不正确，受力方向改变。

⑤ 錾子刃口没有和錾子中心线垂直。

⑥ 錾削时錾子的工作后角过大或过小。

⑦ 起錾量过大。

⑧ 錾削与尽头相距 10mm 左右时，未调头錾削。

6.5.2　錾削安全知识

① 不使用锤柄开裂和松动的手锤。

② 錾子錾顶部、手锤锤击部和锤柄都不允许沾油，以免滑脱。

③ 錾削时不准戴手套，要戴好防护眼镜。

④ 錾子錾顶部有明显毛刺时，要及时磨掉，以免碎裂伤人。

⑤ 不允许正对着人进行錾削加工，防止錾削錾屑飞出伤人。

⑥ 錾子使用过程中，要保持刃口的锋利。过钝的錾子錾削时不但费力，錾出的表面不平，还容易发生打滑，以免砸手伤人。

⑦ 规范放置錾削工具，以免砸脚伤人。

⑧ 錾削疲劳时要适当休息，以免手臂过度疲劳击偏伤人。

第7章 孔系加工

孔的加工是钳工工作的重要内容之一。孔加工的方法主要有两类：一类是在实体工件上加工出孔，即用麻花钻、中心钻等进行的钻孔操作；另一类是对已有孔进行再加工，即用扩孔钻、锪孔钻和铰刀进行的扩孔、锪孔和铰孔操作。在钻床上加工工件时，工件固定不动，主运动是刀具作旋转运动，进给运动是刀具沿轴向移动。

7.1 钻床

7.1.1 台式钻床

台式钻床简称台钻。台钻是一种小型钻床，常见的型号有 Z4013 型台式钻床等，如图 7-1 所示，是通常安放在工作台上使用的小型孔加工机床。其特点是：结构简单、操作方便、灵活性大、体积较小。一般用来加工直径不大于 13mm 的小孔。其主轴变速一般通过改变 V 带在塔式三角带轮上的安装位置来实现，可使主轴获得五种转速，主轴进给靠手动进给手柄来操作。

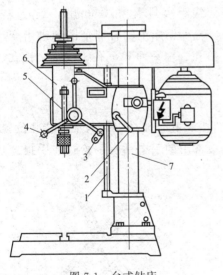

图 7-1 台式钻床

1—丝杠；2—紧固手柄；3—升降手柄；4—进给
手柄；5—标尺杆；6—头架；7—立柱

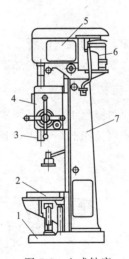

图 7-2 立式钻床

1—底座；2—工作台；3—主轴；4—进给变速箱；
5—主轴变速箱；6—电动机；7—立柱

7.1.2 立式钻床

立式钻床简称立钻，其主轴轴线在水平面内的位置是固定的。一般用来钻削、扩削、锪削、铰削中型工件上的孔及攻螺纹等。立钻是使用最普遍的钻床，其结构比较完善，其最大钻孔直径有 ϕ25mm、ϕ35mm、ϕ40mm 和 ϕ50mm 等多种。立钻与台钻相比，其刚度好、功率大，因而允许采用较高的切削用量，生产效率高，加工精度也较高，如图 7-2 所示。

立钻的特点是：因其主轴转速和进给量都有较大的变动范围，立钻还可自动走刀，则可适应不同材料的加工和进行钻孔、扩孔、锪孔、铰孔、攻螺纹等。立式钻床适用于单件、小批量生产中的中、小型零件的加工。

7.1.3 摇臂钻

摇臂钻床简称摇臂钻，如图 7-3 所示。摇臂钻床适用于在较大型、中型工件上进行单孔或多孔加工。摇臂钻床的主轴箱能在摇臂上有较大的移动范围，摇臂既可以围绕立柱作 360°旋转，也可沿立柱上下升降，同时主轴箱还能在摇臂上作横向移动，操作时能快速和准确地调整刀具位置对准被加工孔的中心，无需移动工件，使用方便灵活。最大钻孔直径为 100mm，主轴中心线至立柱母线距离最大为 3150mm，最小 570mm。摇臂钻床主轴转速范围和进给变动范围

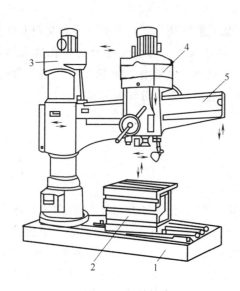

图 7-3 摇臂钻床

1—底座；2—工作台；3—立柱；4—主轴变速箱；5—摇臂

很广泛，加工范围也很广泛。应用于钻孔、扩孔、锪平面和沉孔、铰孔、镗孔、攻螺纹、环切大圆孔等多种孔的加工。

7.1.4 手电钻

在装配和修理工作中，经常要在大的工件上钻孔，或在工件的某些特殊位置钻孔。在不便于使用钻床的场合，可用手电钻钻孔。常用的手电钻有手枪式和手提式，如图 7-4 所示。

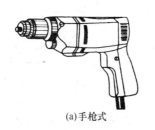

(a)手枪式　　　　　　　　　　　　　(b)手提式

图 7-4 手电钻

7.1.5 钻床附件

钻床附件主要包括钻头夹具和工件夹具两种。

（1）钻头夹具 常用的钻头夹具有钻夹头和钻套。

① 钻夹头用于装夹直柄头。安装时，先将钻头柄部插入钻夹头的自动定心卡爪内，夹持钻头柄部的长度要大于 15mm，然后用配套的钻床紧固扳手，顺时针旋转钻夹头外套，使之夹紧钻头。

② 过渡套筒用于装夹锥柄钻头。当锥柄钻头的柄部锥体与钻床主轴锥孔一致时可直接安装，安装时先将钻柄部与主轴锥孔擦拭干净，并使钻头锥柄上的矩形舌部与主轴腰形孔的方向一致，用手握住钻头，利用向上的冲力一次安装完成。当钻头锥柄小于主轴锥孔时，应添加锥套来连接。锥柄钻头的拆卸是利用斜铁来完成的，拆卸时，将斜铁敲入锥套或主轴上的长方通孔内，斜铁斜面朝下，利用斜铁斜面向下的分力使钻头与锥套或主轴分离。

（2）工件夹具 钻孔时根据工件的形状、大小及孔中心线的倾斜程度等要求来选择合适的装夹工具。装夹工具一般有手虎钳、平口钳、大力钳、螺栓压板等。

7.2　钻头

钻头是钻孔过程中应用的切削刃具，其种类繁多，根据结构特点和用途分为麻花钻、中心钻、深孔钻、充气钻、扁钻等。

7.2.1　标准麻花钻

麻花钻是最常用的一种钻头。麻花钻由柄部、颈部和工作部分组成，如图 7-5 所示。材料一般为高速钢，常用的牌号有 W18Cr4V 和 W6Mo5Cr4V2，淬硬后的硬度为 62～68HRC。硬质合金钻头的工作部分为嵌焊硬质合金刀片，其硬度可达 69～80HRC，常用的牌号有 YG8 和 YW2。

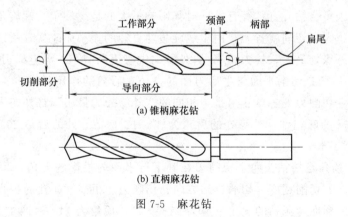

图 7-5　麻花钻

（1）麻花钻的柄部 它是供装夹用的，并传递扭矩和轴向力。柄部有锥柄和直柄两种，一般直径大于 13mm 的钻头做成锥柄，13mm 以下的钻头做成直柄，直柄所传递的扭矩较小，在锥柄的顶端有一扁尾，其作用不仅能增加传递扭矩，又能避免工作时钻头打滑，在拆卸时，可供斜铁压下扁尾卸出钻头。

（2）麻花钻的工作部分 工作部分是由切削部分和导向部分组成的，起切削、导向和修光孔壁的作用。

　　麻花钻切削部分的几何形状主要由六面（两个前刀面、两个主后刀面和两个副后刀面）、五刀（两条主切削刃、两条副切削刃和一条横刃）、四角（顶角、前角、主后角、横刃斜角）组成，如图 7-6 所示。

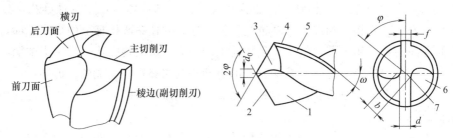

图 7-6　麻花钻的切削部分

1—前刀面；2—主切削刃；3—主后刀面；4—副切削刃；5—副后刀面；6—螺旋槽；7—横刃

　　① 前刀面。前刀面是指切削部分的螺旋槽表面。

　　② 主后刀面。主后刀面是指切削部分顶端的螺旋圆锥表面，加工时与工件切削部分相对。

　　③ 副后刀面。副后刀面是指与已加工表面相对的钻头棱边。

　　④ 主切削刃。主切削刃是指前刀面与主后刀面所形成的交线。

　　⑤ 副切削刃。副切削刃是指前刀面与副后刀面所形成的交线。

　　⑥ 横刃。横刃是指两主后刀面形成的交线。横刃太短会影响钻尖的强度，横刃太长会使轴向抗力增大，影响钻削效率。

　　⑦ 前角。前角是前刀面与基面所形成的夹角。由于麻花钻的前刀面为一螺旋面，沿主切削刃各点的倾斜方向不同，所以主切削刃各点的前角大小不同。麻花钻前角的大小与螺旋角、顶角、钻心直径等有关。对其影响最大的是螺旋角，螺旋角越大，前角也就越大，前角越大，切削就省力。由于螺旋角随直径的大小而改变，所以前角也是变化的，前角靠近外缘处最大，约为 $30°$，自外缘向中心逐渐减小，靠近横刃处为负前角。

　　⑧ 后角。后角是切削平面与主后刀面的夹角。后角的作用是减少主后刀面与切削面间的摩擦。主切削刃上各点后角是不相同的，外缘处为最小，自外向内逐渐增大，直径为 $15\sim30$mm 的麻花钻，外缘处的后角为 $9°\sim12°$，钻心处的后角 $20°\sim26°$，横刃处的主后角为 $30°\sim60°$。

　　⑨ 顶角。顶角是指钻头两主切削刃在其平行平面内投影的夹角。顶角的大小影响前角、切削厚度、切削宽度、切屑排出方向、切削力、粗糙度、孔的扩张量和外缘转折点的散热条件。标准麻花钻的顶角一般为 $118°\pm2°$，顶角为 $118°$ 时两主切削刃呈直线；大于 $118°$ 时两主切削刃内凹形；小于 $118°$ 时两主切削刃呈外凸形。

　　⑩ 横刃斜角。横刃斜角是在垂直于钻头轴线的端面投影中，横刃与主切削刃之间所夹的锐角。它与后角、顶角的大小有关。横刃斜角一般为 $50°\sim55°$。

　　导向部分在切削部分切入工件后起导向作用，也是切削部分的备磨部分。为了减少导向部分与孔壁的摩擦，其外径磨有倒锥。导向部分各组成要素如下。

① 螺旋槽。钻头的导向部分有两条螺旋槽，它的作用是构成切削刃，排出切屑和流通切削液。

② 棱边。在切削过程中，为了减少钻身与孔壁之间的摩擦，沿螺旋槽一侧的圆柱表面上制出了两条略带倒锥的凸起刃带就是棱边。棱边同时也是切削部分的后备部分，棱边也具有一定修光孔壁的作用。

③ 钻心。保持麻花钻有足够的强度，钻心向钻柄方向做成正锥体。

（3）麻花钻的颈部　是指柄部和工作部分之间的部位，是磨削麻花钻时的退刀槽，也可打印钻头的规格、材料和商标等。

7.2.2　群钻

群钻是通过对标准麻花钻切削部几何形状的合理化刃磨，使其成为具有加工精度高、适应性强、使用寿命长等特点的新型钻头。在此介绍标准群钻和薄板群钻。

（1）标准群钻　标准群钻主要用来钻削碳钢和各种合金钢，如图 7-7 所示。其刃形主要特点是"七刃、三尖、两种槽"，七刃是指一条横刃和分成三段的主切削刃，即外刃——AB 段（两条）；圆弧刃——BC 段（两条）；内刃——CD 段（两条）。三尖是指由磨出的月牙槽和主切削形成的三个尖。两种槽是指两个月牙槽和一个单边分屑槽。

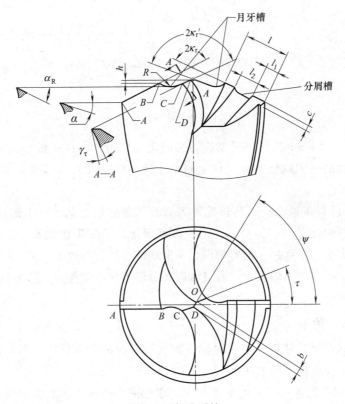

图 7-7　标准群钻

（2）薄板群钻　薄板群钻是用来专门钻削薄板的钻头，如图 7-8 所示。薄板群钻又称为三尖钻，其刃形特点是两主切削刃磨成圆弧形，使主切削刃外缘形成了锋利的刀尖，即两主切削刃外缘的刀尖与钻心刀尖构成了三尖。由于两主切削刃外缘的刀尖与钻

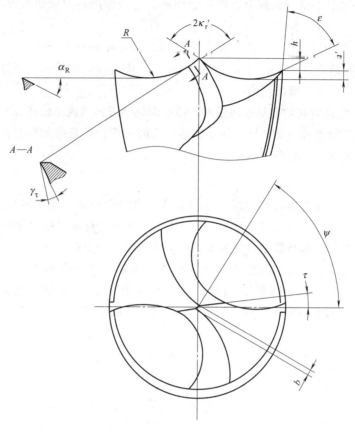

图 7-8 薄板群钻

心刀尖仅低 0.5~1.5mm，保证了钻心刀尖的定心作用，而且在钻心刀尖尚未钻穿时，两主切削刃外缘的刀尖就已经在工件上划出了圆环槽，大大地提高了钻孔质量和钻孔安全。

　　厚度在 2mm 以下的钢板、马口铁称为薄板。在薄板上钻孔，不能用标准麻花钻，这是因为薄板的刚度差，容易变形。由于标准麻花钻的钻尖比较高，当钻尖钻穿工件后，钻尖立即失去定心作用，同时轴向力又突然减小，会导致工件发生抖动和移动，使钻出的孔不圆，孔口的毛边很大，而且常因突然切入而产生扎刀、钻头折断，甚至发生工件脱离甩出等事故。

7.2.3　麻花钻的刃磨

　　（1）标准麻花钻的缺点　　通过对标准麻花钻切削部分参数的分析，由于结构等原因，标准麻花钻存在以下几个缺点。

　　① 主切削刃上的各点前角的变化很大，靠近横刃处有 1/3 长度范围的主切削刃前面为负值，切削条件差，形成很大的轴向分力。

　　② 横刃过长，副前角很大，工作时挤压刮削，切削条件差，横刃过长，会导致定心效果比较差、容易产生振动，从而影响钻孔质量。

　　③ 切屑厚度沿切削刃分布不匀，在外缘处切削厚度大，而且该处切削速度最高，

副后角为零，刃带与孔壁摩擦很大，外缘处切削负荷很大，导致磨损严重并影响钻头寿命。

④ 由于主切削刃很长且全部参加切削，各处切屑排出的速度相差很大，切屑卷曲成螺旋状，容易在螺旋槽中发生堵塞，导致排屑不畅，切削液难以流入切削区。

⑤ 钻头材料的耐热性和耐磨性仍不够高。

⑥ 横刃前后角与主切削刃后角相互关联，不好分别控制。

（2）砂轮知识

① 氧化铝砂轮　又称刚玉砂轮，分为普通氧化铝砂轮和白色氧化铝砂轮，常用的有棕刚玉（A）、白刚玉（WA）、铬刚玉（PA）三种，氧化铝砂轮的颜色分为白色、灰色、褐色、紫褐色，多为白色，其砂粒韧性好，比较锋利，硬度较软，适合刃磨高速钢钻头和硬质合金钻头的刀柄部分。

② 碳化硅砂轮　碳化硅砂轮常用的有绿碳化硅（GC）和黑碳化硅（C）两种，其砂粒硬度较高，切削性能好，但是比较脆，适合刃磨硬质合金钻头。

③ 砂轮磨料粒度号数　磨料粒度号按照颗粒大小共分为 41 个号，常用的粒度号为 16＃、24＃、30＃、36＃、46＃、60＃、70＃、80＃、100＃、120＃、150＃、180＃、220＃、240＃等。

④ 硬度等级　硬度等级分为 7 个大级，14 个小级，见表 7-1。

表 7-1　硬度等级及代号

硬度等级	超软	软	中软	中	中硬	硬	超硬
老代号	CR	R1、R2、R3	ZR1、ZR2	Z1、Z2	ZY1、ZY2、ZY3	Y1、Y2	CY
新代号	F	G、H、J	K、L	M、N	P、Q、R	S、T	Y

（3）砂轮的选择　刃磨高速钢钻头一般采用粒度为 F46～F80、硬度等级为中软级（K、L）的氧化铝砂轮。刃磨硬质合金钻头一般采用粒度为 F36～F60、硬度等级为中软级（K、L）的碳化硅砂轮。

（4）麻花钻的刃磨　钻头刃磨时的握法：右手大拇指与其他四指上下相对握住钻头的头部，左手大拇指与其他四指相对握住钻头的柄部，两手共同协调以控制钻头的刃磨，如图 7-9 所示。

① 刃磨主切削刃　为保证钻削质量，需要对主切削刃进行修磨，以保证麻花钻的顶角合理，两主切削刃的长度等长，如图 7-10 所示。修磨出第二顶角和过渡刃。一般第二顶角为 70°～75°，过渡刃为 0.2D。修磨后可增加主切削刃的总长度和刀尖角，从而增加刀齿强度，改善散热条件，提高了主切削刃交角处的抗磨性和钻头

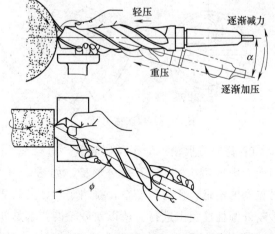

图 7-9　麻花钻的刃磨握法

的使用寿命，还有利于降低孔壁的表面粗糙度值。

② 修磨前刀面　为了提高钻削效率，可对其前刀面进行修磨。适当修磨钻头主切削刃和副切削刃叉角处的前刀面，可减小该部位的前角，如图 7-11 所示。在钻削硬材料时，可提高刀齿的强度；在钻削黄铜和软材料时，还可避免由于切削刃过于锋利而引起的扎刀现象。

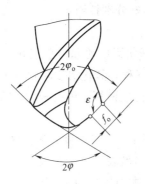

图 7-10　修磨主切削刃　　　　图 7-11　修磨前刀面

③ 修磨横刃　修磨横刃是最基本、也是最重要的一种修磨形式，对钻削性能的改善有明显的效果。为提高钻头的定心作用和切削的稳定性，对于直径在 5mm 以上的麻花钻头，可对其横刃进行修磨。修磨后的横刃长度为原来长度的 1/5～1/3，并形成内刃，内刃斜角为 20°～30°，内刃处前角为 -15°～0°。横刃修磨后使靠近钻心处的前角增大，减小了轴向抗力和挤乱现象，定心作用也得到较大的改善，如图 7-12 所示。

④ 修磨棱边　为了减少棱边对孔壁的摩擦，提高钻头的使用寿命，可对其棱边进行修磨，如图 7-13 所示。在靠近主切削刃的一段棱边上磨出副后角 α' 为 6°～8°，并保留原来 1/3～1/2 的棱边宽度。由于棱边的修磨是在砂轮外圆柱棱角上进行，因此对砂轮的要求：一是砂轮外圆柱面要平整；二是外缘棱角一定要清晰。

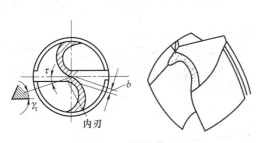

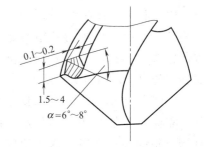

图 7-12　修磨横刃　　　　　　图 7-13　修磨棱边

⑤ 修磨分屑槽　为了排屑顺利，直径在 15mm 以上的麻花钻头，可在其两个主后刀面上磨出几条相互错开的分屑槽，如图 7-14 所示。这样可改变钻头主切削刃长、切屑较宽的不足，使切屑变窄，排屑顺利，尤其适用于钻削钢料。由于分屑槽的修磨是在砂轮外圆柱棱角上进行，所以对砂轮的要求是外圆棱角一定要清晰。

⑥ 修磨过渡刃　由于钻头主切削刃外缘处切削速度最高，磨损最快。因此，可在

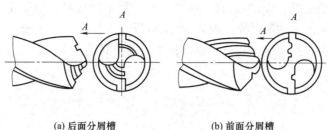

(a) 后面分屑槽　　　　　　　(b) 前面分屑槽

图 7-14　修磨出分屑槽

外缘处磨出过渡刃，过渡刃长度为主切削刃的 1/3、过渡刃顶角为 70°～75°，以改善外缘处的切削条件，从而延长钻头寿命和减小孔的表面粗糙度，如图 7-15 所示。

　　⑦ 刃磨检验方法　钻头几何角度和对称度是否准确必须通过检验，常见的是目测的方法，也可用检验样板进行检验。如图 7-16 所示。

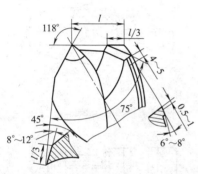

图 7-15　修磨过渡刃

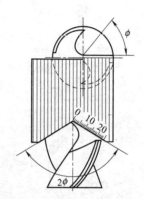

图 7-16　样板检查钻头刃磨角度

　　(5) 钻头刃磨操作安全规程

　　① 修平砂轮外圆柱表面，修小砂轮圆角半径。

　　② 开启砂轮机后必须先观察砂轮旋转方向是否正确，并等到转速稳定后方可进行刃磨。

　　③ 刃磨时，操作者应站在砂轮机的斜侧位置，不能正对砂轮。

　　④ 刃磨时，必须戴好防护眼镜。

　　⑤ 严禁戴手套或用棉纱等包裹刃磨钻头，以免被高速旋转的砂轮卷入造成伤害。

　　⑥ 刃磨时，不要用力过猛，以防振动打滑打手。

　　⑦ 刃磨高速钢钻头时，应及时蘸水冷却，以防止切削部分退火。

　　⑧ 刃磨结束后应及时关闭电源。

7.3　钻削方法

7.3.1　工件的装夹

　　钻 8mm 以下小孔时，可以采用手握持工件来进行钻孔，钻孔时用力合适，工件上要倒角；钻孔直径超过 8mm 时，且工件小，不能用手握持时，必须用手虎钳或平口钳夹持；在圆柱形工件上钻孔，要用到 V 形铁和压板夹紧；钻大孔或不便用平口钳夹紧的工件，可直接用压板、螺栓和调整垫铁把工件固定在钻床工作台面上；钻孔时工件的装夹，应根据其工件形状、孔的位置、精度要求等，采取相应的装夹方法，如图 7-17 所示。

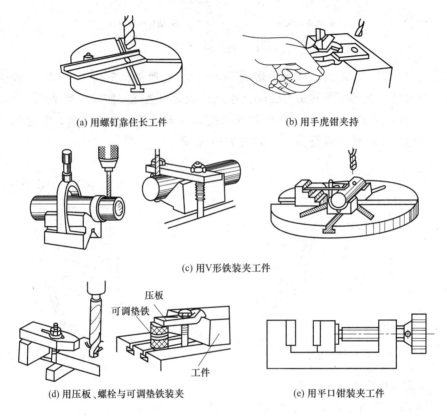

(a) 用螺钉靠住长工件　　　　　　　　(b) 用手虎钳夹持

(c) 用V形铁装夹工件

(d) 用压板、螺栓与可调垫铁装夹　　　　　(e) 用平口钳装夹工件

图 7-17　钻孔工件的装夹

7.3.2　一般工件划线钻孔的方法

（1）工件的划线　根据图纸要求，划出孔的十字中心线；打中心样冲眼；按孔直径划出检查圆；再将中心样冲眼重打加大，便于钻头定心，并用小钻头试钻；如果所钻孔直径较大，可同时划出几个大小不等的检查圆，便于试钻时及时校正偏心；划线时尽量在孔的两面划线，并打上中心样冲眼。

（2）钻头的装夹　是通过钻夹头或钻套来进行夹持的。

（3）工件的装夹　参照钻孔时工件的装夹方法进行。

（4）钻削用量的选择　钻削时钻床主轴的转速、进给量和钻削深度统称为钻削用量。实践得出，钻削用量的选择应根据工件材料、孔的精度、孔壁表面粗糙度和钻头直径等要求来确定。转速高，进给量小，适合钻小孔；转速低，进给量大，适合钻大孔；当工件材料较硬，进给量和转速都相应降低；当工件材料较软，进给量和转速都相应升高；应该注意的是，在硬材料上钻小孔，转速不能太高。

（5）试钻　钻孔时，先用钻尖对准圆心处的冲眼钻出一个小浅坑。观察浅坑的圆周与加工线的同心程度，若无偏移，可继续开钻；若发生偏移，应通过移动工作台将工件向偏位的反方向推移、使用摇臂钻时移动钻床主轴来进行调整、在借正方向上打几个中心样冲眼或用狭錾錾出几条槽等方法，直到找正为止。

（6）手动钻削　当试钻完成后，即进入手动进给钻削。钻削时进给量要适当。进给量太大，钻头容易折断和使孔歪斜；钻小孔时，进给量要小，并经常提钻排屑；当钻进深度达到直径的 3 倍时，钻头就要退出排屑。当钻头将钻至要求深度或将钻穿孔时，要减少进给量。特别是钻通孔将要钻穿时，轴向阻力逐渐减少，将使钻头以很大的进给量自动切入，容易造成钻头折断、工件移位甚至提起工件等现象。当钻削直径超过 30mm 的大孔时，可分两次钻削。钻孔过程中需要检查时，应先停车，再检查，避免出现事故。

（7）加注切削液　钻削时，为了使钻头能及时散热冷却，减少钻头与工件、切屑之间的摩擦，钻孔时需要加切削液，这样可提高钻头的使用寿命，改善工件的表面质量。钻钢件时，可用 3%～5% 的乳化液；钻铸铁时一般不需要加注切削液，如需使用，可用 5%～8% 的乳化液持续加注。

7.3.3　钻半圆孔的方法

① 把两件合起来或用同样材料的垫块与工件并在一起钻，如图 7-18（a）所示。

② 用同样的材料镶嵌在工件内，钻孔后去掉这块材料，就形成了缺圆孔，如图 7-18（b）所示。

7.3.4　钻斜面上的孔的方法

① 先用样冲打一个较大的中心点、或用中心钻钻出中心孔，或用錾子在斜面上錾出一个小平面、或用铣刀在斜面上铣削出一个小平台，再用钻头钻孔，如图 7-19（a）所示。

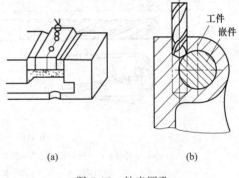

图 7-18　钻半圆孔

② 先使斜面处于水平位置时，夹紧工件，用钻头钻出一个浅坑，再使斜面倾斜一点装夹，将浅坑钻大，经几次倾斜后，放正工件开始钻孔。

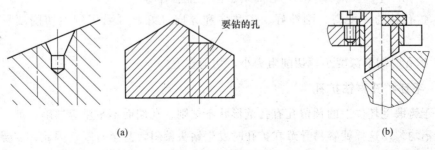

图 7-19　钻斜面上的孔

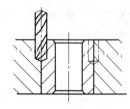

图 7-20　钻骑缝孔

③ 使用斜面钻套保护，在斜面上直接钻孔，如图 7-19（b）所示。

7.3.5　钻骑缝孔的方法

① 钻头伸出钻夹头的长度应尽量短些，横刃应磨得较尖。

② 若两种零件材料不同，可采用"借料"的方法，样冲眼应偏向硬材料上，并在钻孔时使钻头略往硬材料一边偏，如图 7-20 所示。

7.4　扩孔

用扩孔工具扩大工件上已有孔的加工操作称为扩孔。扩孔具有导向性好、加工质量好、排屑容易、生产效率高等特点。扩孔的公差可达 IT10～IT9 级，表面粗糙度可达 Ra 为 $6.3～3.2\mu m$。扩孔常作为孔的半精加工和铰孔前的预加工。

7.4.1　扩孔钻

扩孔钻按照刀体结构可分为整体式和镶片式两种；按照装夹方式可分为直柄、锥柄和套式三种；按照材料可分为高速钢和硬质合金两种，如图 7-21 所示。

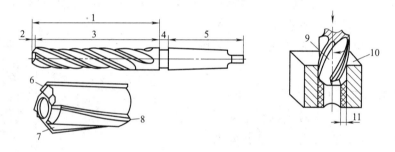

图 7-21　扩孔钻与扩孔

1—工作部分；2—切削部分；3—校准部分；4—颈部；5—柄部；6—主切削刃；

7—前刀面；8—刃带；9—扩孔钻；10—工件；11—扩孔余量

7.4.2　扩孔钻的特点

① 扩孔钻中心不切削，所以没有横刃，避免由横刃引起的不良影响。

② 扩孔产生的切屑体积小，容屑槽也浅，排屑容易。

③ 扩孔钻的强度高、刚性好、齿数多和导向性好，可采用较大切削用量，提高效率。

④ 扩孔时切削深度小，切削阻力小，切削省力。

7.4.3　毛坯扩孔群钻扩孔

由于铸锻毛坯件上的预留孔有孔壁形状不规则、孔端面不平整等缺陷，就会产生扩孔余量不均匀，这样就容易导致在扩孔时发生钻头偏斜，甚至折断。因此，需要对麻花钻的刃形进行改变，在主切削刃上磨出凹圆弧刃。由于两外刃的刃尖高于钻心，避免了因内刃与毛坯孔壁先接触而产生的偏心切削现象，保证了两外刃能够顺利地切入工件。毛坯扩孔群钻的刃形如图 7-22 所示。

7.4.4　扩孔钻的精度分类

标准高速钢扩孔钻按直径精度分 1 号扩孔钻和 2 号扩孔钻两种。1 号扩孔钻用于铰孔前的扩孔，2 号扩孔钻用于精度为 H11 孔的最后加工。硬质合金锥柄扩孔钻按直径精度分四种，1 号扩孔钻一般适用于铰孔前的扩孔，2 号扩孔钻用于精度为 H11 孔的最后加工，3 号扩孔钻用于精铰孔前的扩孔，4 号扩孔钻一般适用于精度为 D11 孔的最后加工。硬质合金套式扩孔钻分两种精度，1 号扩孔钻用于精铰孔前的扩孔，2 号扩孔钻用于一般精度孔的铰前扩孔。

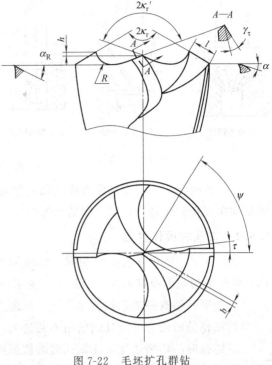

图 7-22　毛坯扩孔群钻

7.4.5　扩孔方法和步骤

① 选择扩孔钻的类型　扩孔钻的结构类型比较多，应根据所扩孔的孔径大小、位置、材料、精度等级及生产批量选择。

② 选择扩孔的切削用量　扩孔时的切削速度为钻孔的 1/2，进给量约为钻孔的 1.5～2 倍。作最后加工的扩孔钻直径应等于孔的基本尺寸，预钻孔的直径为扩孔钻直径的 0.5～0.7 倍。铰孔前所用扩孔钻直径应等于铰孔后的基本尺寸减去铰削余量。铰前余量表如表 7-2 所示。

表 7-2　铰孔余量　　　　　mm

扩孔钻直径 D	<10	10～18	18～30	30～50	50～100
铰孔余量 A	0.2	0.25	0.3	0.4	0.5

扩钻精度较高的孔或扩孔工艺系统刚性较差时应取较小的进给量；工件材料的硬度、强度较大时，应选择较低的切削速度。

7.5　锪孔

用锪钻对孔口形面锪削加工的方法称为锪孔，锪孔所用的刀具统称为锪钻。

7.5.1　锪钻的种类和用途

锪钻分为锥形锪钻、柱形锪钻、端面锪钻三种，如图 7-23 所示。

（1）锥形锪钻　用于加工沉头螺钉的沉头孔和孔口倒角。锥形锪钻齿数为 4～12

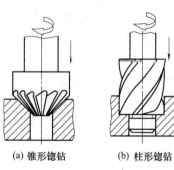
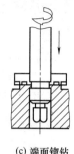

(a) 锥形锪钻　　(b) 柱形锪钻　　(c) 端面锪钻

图 7-23　锪孔

个，锥角有 60°、75°、90° 和 120° 等几种，一般 90° 的锥形锪钻用得最多。

（2）柱形锪钻　用于加工螺钉的柱形沉头孔。柱形锪钻的端面刀刃起主切削的作用，螺旋槽斜角就是它的前角。柱形锪钻前端有导柱，导柱直径与工件上已有孔的直径采用紧密的间隙配合，保证锪孔时有良好的定心和导向。柱形锪钻有套装式和整体式两种。

（3）端面锪钻　用于锪削螺栓孔凸台等表面。端面锪钻仅在端面上有切削刃，为了保证端面和孔轴线垂直，端面锪钻也带有导柱。

7.5.2　锪孔的操作要点

锪孔方法与钻孔方法基本相同。锪削加工中容易产生的主要问题是由于刀具的振动，使锪削的端面或锥面上出现振痕。为了避免这种现象，要注意做到以下几点。

① 用麻花钻改制的锪钻要尽量短，以减少锪削加工中的振动。

② 锪钻的后角和外缘处的前角不能过大，以防止扎刀，主后面上要修磨消振棱。

③ 锪孔时的切削速度要比钻孔时的切削速度低，一般为钻孔速度的 1/3～1/2。也可以利用钻床停机后主轴的惯性来锪削，这样可以最大限度地减少振动，以获得光滑的表面。

④ 锪钻的刀杆和刀片都要装夹牢固，工件要压紧。

⑤ 锪削钢件时，要在导柱和切削表面加些机油进行润滑。

⑥ 当锪至要求深度时，停止进给后应让锪钻继续旋转几圈，然后再提起。

7.6　铰孔

用铰刀从已经加工的孔壁上切除微量金属层，以提高其尺寸精度和降低表面粗糙度的操作称为铰孔。铰孔精度一般可达 IT9～IT7，表面粗糙度 Ra 可达 $3.2～0.8\mu m$。主要应用于机床上重要零部件的定位，在装配与安装时的配钻与配铰。

7.6.1　铰刀

（1）铰刀的种类　铰孔常用的刀具是铰刀。铰刀是尺寸精确的多刃刀具，其具有切削余量少、导向性好、切削阻力小等优点。由于铰刀使用范围广，所以铰刀的种类也比较多，按使用方式可分为手用铰刀和机用铰刀两种；按铰刀结构可分为整体式铰刀、镶齿式铰刀和调节式铰刀等；按容屑槽的外形又分为直槽式铰刀、斜槽式铰刀和螺旋式铰刀；按切削部分材料可分为高速钢铰刀和硬质合金铰刀，按铰刀的外形可分为圆柱形铰刀和圆锥形铰刀。钳工常用的铰刀有手用铰刀和机用铰刀两种，如图 7-24 所示。

（2）铰刀的组成　铰刀由柄部、颈部和工作部分组成。

① 柄部是用来装夹、传递扭矩和进给力的部分，有直柄和锥柄两种。

② 颈部是磨制铰刀时供砂轮退刀用的，也用来刻印商标和规格。

③ 工作部分分为切削部分和校准部分。切削部分担负切除铰孔余量；校准部分起引导铰刀头部进入孔内，定向和修光孔壁。刀齿数一般为 6～16 齿。为克服铰孔时出现的周期性振纹，手用铰刀采用不等距分布刀齿的方法，如图 7-25 所示。

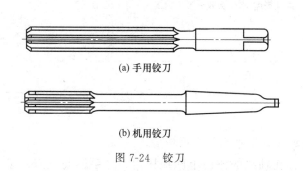

(a) 手用铰刀

(b) 机用铰刀

图 7-24　铰刀

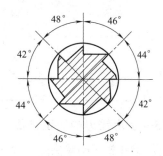

图 7-25　手用铰刀不等距分布的刀齿

（3）铰刀的材料　机用铰刀一般用高速钢材料制造，手用铰刀用高速钢和高碳钢材料制造。出厂的高速钢常用标准铰刀，一般均留有 0.005～0.02mm 的研磨量，使用时按照所需尺寸研磨。不经过研磨的新铰刀也可用来直接铰削。

7.6.2　铰削用量

（1）铰削余量　铰刀铰削余量的大小，对孔的铰削质量，尤其是表面粗糙度和尺寸精度会有很大影响。如果余量太大，会加剧刀具的磨损，并产生较高的切削热，影响铰削质量。如果余量太小，则不能全部去除上道工序残留下的刀痕，达不到表面粗糙度的要求。在一般情况下，选择铰削余量时，应考虑孔径尺寸、工件材料、精度、表面粗糙度、铰刀类型及上道工序的加工质量等因素的综合影响，见表 7-3。对孔径大于 20mm 的孔，可先钻孔，再扩孔，然后进行铰孔。

表 7-3　铰削余量的选用　　　　　　　　　　　　　　　　　　　mm

铰孔直径	<6	6～19	19～30	30～50
铰削余量	0.1～0.2	0.2～0.25	0.25～0.3	0.3～0.5

（2）机铰切削速度的选择　机铰时为了获得较小的表面粗糙度值，必须避免产生积屑瘤，减少切削热及变形，应取较小的切削速度。用铰刀铰钢件时，切削速度应小于 8m/min；铰削铸铁件时，切削速度应小于 10m/min；铰铜件时，切削速度应小于 12m/min。

（3）机铰进给量选择　用铰刀铰钢件时，进给量可取 0.4mm/r；用铰刀铰铸铁件时，进给量可取 0.8mm/r；铰铜件、铝件时，进给量可取 1.2mm/r。

（4）切削液的选用　铰削时必须选用适当的切削液来减少摩擦并降低刀具和工件的温度，防止产生细碎切屑黏附在铰刀刀刃上及孔壁之间，使孔壁表面产生划痕，影响表面质量，因此铰孔时需选用合适的切削液进行清洗、润滑和冷却。选用切削液可参照表 7-4。

表 7-4　铰孔时切削液的选用

加 工 材 料	切　削　液
钢	①10%～20%乳化液 ②30%工业植物油加70%的乳化液 ③高精度铰削时,用工业植物油、柴油等
铸铁	①可不用 ②煤油,但会引起孔径缩小,最大收缩量可达 0.02～0.04mm ③3%～5%的乳化液
铝	①2 号锭子油 ②煤油与工业植物油的混合油
铜	①2 号锭子油 ②工业植物油

7.6.3　手用铰刀的铰削方法

① 工件要正确装夹,应尽可能使轴线处于垂直与水平位置。

② 在手动起铰时,应用右手在沿铰孔轴线的方向上施加压力,左手转动铰刀,保证铰刀能顺利引进,避免孔口扩大或成喇叭形。

③ 双手握住铰杠柄,用力要平稳、均匀,不应施加侧向力,要均匀进给。

④ 铰削过程中,要变换每次停歇的位置,要避免在同一处停歇而形成振痕。

⑤ 在铰削过程中或退出铰刀时,铰刀不能反转,退出时也要边正向旋转边向上提起铰刀。防止铰刀反转磨损刃刃,切屑卡在孔壁和主后刀面之间,将孔壁拉毛。

⑥ 铰削不通孔时,切屑碎末容易黏附在刀齿上,应经常退刀,清除切屑。

⑦ 铰削过程中,如果铰刀被卡住,不能猛力转动铰杠,以防止折断铰刀或崩刃。应谨慎退出铰刀,清除切屑和检查铰刀。

7.6.4　机用铰刀的铰削方法

① 要选择合适的铰削余量、切削速度和进给量。

② 工件在一次装夹中,完成钻孔、扩孔和铰孔全部工序。保证钻床主轴、铰刀和工件孔三者的同轴度。

③ 铰通孔时,铰刀校准部分不能全部出头,以免将孔的口处刮坏,而且退出铰刀也比较困难。

④ 铰削过程中,应及时注入足够的切削液,以清除黏附在刀齿上的切屑和降低温度。

⑤ 铰孔完成后,应退出铰刀后再停车,防止孔壁拉伤。

7.6.5　铰削圆锥孔的方法

① 铰削尺寸比较小的圆锥孔。先按圆锥孔小端直径并留铰削余量钻出圆柱孔,对孔口按圆锥孔大端直径倒角45°,再用圆锥铰刀铰削。铰削过程中要用相配的锥销来检查孔径尺寸。

② 铰削尺寸比较大的圆锥孔。为了减少铰削余量,铰孔前需要先钻出阶梯孔,如图 7-26 所示。1：50 圆锥孔可钻两节阶梯孔;1：10 圆锥孔和莫氏锥孔可钻三节阶梯孔。三节阶梯孔预钻孔直径的计算公式如表 7-5 所示。

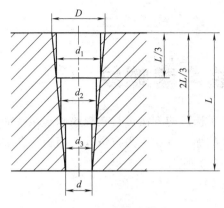

图 7-26 预钻阶梯孔

表 7-5 三节阶梯孔预钻孔直径计算

圆锥孔大端直径 D	$d+LC$
距上端面 $L/3$ 的阶梯孔直径 d_1	$d+\dfrac{2}{3}LC-\delta$
距上端面 $2L/3$ 的阶梯孔直径 d_2	$d+\dfrac{1}{3}LC-\delta$
距上端面 L 的孔径 d_3	$d-\delta$

式中 d——圆锥孔小端直径（mm）；

      L——圆锥孔长度（mm）；

      C——圆锥孔锥度；

      δ——铰削余量（mm）。

7.6.6 可调节式圆柱铰刀的铰削方法

根据铰孔直径选择适当规格的可调节式圆柱铰刀。通过旋转两端螺母轴向移动刀片，用千分尺测量铰刀直径，将铰刀直径调整到略小于被铰孔径的尺寸，旋紧两端螺母进行试铰。当铰削深度达到 2mm 左右时，退出铰刀，检测孔口直径，如不符合要求，应重新调整，调整完毕，再试铰，再检测，直至孔径符合要求，方可以进行铰削。

7.6.7 铰削的操作要点

① 铰刀是精加工刀具，要注意保护刃口，避免碰撞，刃口若有毛刺或切屑黏附，可用油石小心地磨去。

② 铰刀排屑功能差，须经常退出清理屑末，防止卡住铰刀。

③ 铰削定位圆锥孔时，由于锥度小，容易产生自锁，因此在铰削时，进给量不能太大，防止铰刀被卡住或折断。

④ 铰削完成后，要将铰刀擦拭干净，涂上机油。

第8章 攻螺纹与套螺纹

螺纹的加工方法很多，在钳工操作中，用手工操作的方法进行攻螺纹和套螺纹加工占的比重很大。用丝锥在工件孔中加工出内螺纹的加工方法称为攻螺纹；用板牙在圆柱杆上加工出外螺纹的加工方法称为套螺纹，如图 8-1 所示。

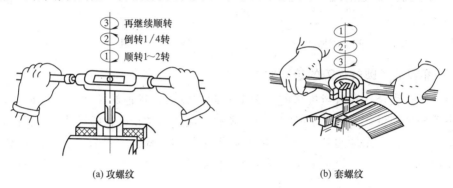

(a) 攻螺纹　　　　　　　　　　　　　(b) 套螺纹

图 8-1　攻螺纹与套螺纹

8.1　攻螺纹

8.1.1　丝锥与铰杠

（1）丝锥　丝锥是钳工加工内螺纹的工具，丝锥的外形和螺钉相似，为了承担切削工作，在丝锥的端部磨出切削锥，并沿纵向开槽以容纳切屑及得到前角，它是加工内螺纹并能直接获得螺纹尺寸的一种攻螺纹刀具。丝锥有手用丝锥和机用丝锥两种，丝锥常用高速钢、碳素工具钢或合金钢制成。其结构简单，使用方便，所以应用十分广泛。对于中小尺寸的螺纹孔，丝锥往往是唯一的加工刀具。

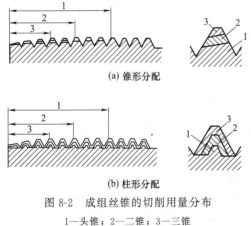

(a) 锥形分配

(b) 柱形分配

图 8-2　成组丝锥的切削用量分布

1—头锥；2—二锥；3—三锥

① 丝锥的种类　丝锥按照加工螺纹的种类不同分为普通三角螺纹丝锥、圆柱管螺纹丝锥和圆锥管螺纹丝锥；按照使用方法的不同分为手用丝锥和机用丝锥两类。

手用普通螺纹丝锥分粗牙和细牙两种，可攻通孔或不通孔螺纹，它常用于单件小批量生产或各种修配工作中。将 2 支或 2 支以上丝锥为一组，依次使用一组丝锥完成一个螺纹孔的切削加工，这样的一组丝锥叫成组丝锥，以减轻每支丝锥的单齿切削负荷。在成组丝锥中有两种形式，即等径丝锥和不等径丝锥，如图 8-2 所示。

a. 等径丝锥。一般有 2～3 支丝锥为一组，头锥、二锥和三锥的大径、中径和小径都相同，所不同的只是切削锥长度和切削锥角不同。在加工通孔螺纹时，只需要使用头锥就可一次加工完成螺纹成品尺寸，所以效率较高。但是这种丝锥所承受的负载大，丝锥容易磨损，而且加工的螺纹精度和表面粗糙度都较差。

b. 不等径丝锥。一组丝锥中，每支丝锥的大径、中径和小径都不相同，只有三锥才具有螺纹要求的轮廓和尺寸。此外，每支丝锥的切削锥长度和切削锥角也各不相同，这种丝锥可以保证各个锥的切削负荷分配合理，因此加工螺纹也省力，丝锥磨损均匀，加工的螺纹精度和表面粗糙度都较好。但它的头锥、二锥不能单独使用，只有通过三锥加工后，才能符合螺纹参数的要求。

在国家工具标准中，将高速钢磨牙丝锥定名为机用丝锥。机用普通螺纹丝锥也分粗牙和细牙两种。通过攻螺纹夹头，装夹在机床上使用丝锥，用于较大批量和直径较大的螺纹孔。

② 丝锥的构造　主要由柄部和工作部分组成，工作部分包括切削部分和校准部分，切削部分担任主要的切削任务，牙型由浅入深，逐渐变得完整，保证丝锥容易攻入孔内，并使各牙切削的金属量大致相等；柄部的方榫用来插入丝锥铰杠中，用来传递扭矩。常用的丝锥有 3～4 条容屑槽，丝锥容屑槽数的多少，取决于丝锥的类型、直径尺寸及加工条件等。槽的形状以形成切削部分锋利的切削刃和前角，并可容纳切屑。端部磨出锥角，使切削负荷分布在几个刀尺上，使受力均匀和切削省力。校准部分有完整的牙型，主要用来校准和修光已切出的螺纹。丝锥螺纹公差带：机用丝锥为 H1、H2 和 H3 三种；手用丝锥为 H4 一种。

③ 丝锥切削部分的几何参数

a. 前角的选择。丝锥的前角主要根据被加工材料选择。一般常见的丝锥公称切削前角为 8°～10°。在实际使用时，见表 8-1。

表 8-1　丝锥前角的选择

被加工材料	前角/(°)	被加工材料	前角/(°)
铸青铜	0	中碳钢	10
铸铁	5	低碳钢	15
高碳钢	5	不锈钢	15～20
黄铜	10	铝、铝合金	20～30

b. 后角的选择。丝锥的后角是通过铲磨获得的。一般常见的丝锥公称切削后角为 4°～6°。机用丝锥切削后角为 8°～12°。

④ 丝锥的标记　丝锥的种类、规格较多，每一种丝锥都有相应的标记。一套一只的粗牙普通螺纹丝锥，标记为 M10，M 为螺纹代号，10 为公称直径；普通细牙螺纹丝锥，以螺纹代号和公称直径×螺距来表示，例如 M10×1.25。

(2) 铰杠　铰杠是手工攻螺纹时使用的一种辅助工具。铰杠分为普通铰杠和丁字形铰杠两类，如图 8-3 和图 8-4 所示。

① 普通铰杠　普通铰杠有固定铰杠和活动铰杠两种，如图 8-3 所示。一般攻制 M5

以下的螺纹采用固定铰杠。活动铰杠的方孔尺寸可以调节，因此应用的范围比较广泛。常用活动铰杠的柄长有多种规格，以适应各种不同尺寸的丝锥。

②丁字形铰杠 丁字形铰杠适用于攻制工件台阶侧边或攻制机体内部的螺纹。丁字形铰杠有固定式和可调式两种，如图 8-4 所示。可调式丁字形的铰杠是通过一个四爪的弹簧夹头来夹持不同尺寸的丝锥，一般用于 M6 以下的丝锥。大尺寸的丝锥一般用固定式，通常是按实际需要制作专用铰杠。

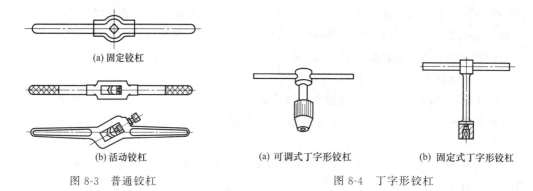

(a) 固定铰杠		
(b) 活动铰杠	(a) 可调式丁字形铰杠	(b) 固定式丁字形铰杠
图 8-3 普通铰杠	图 8-4 丁字形铰杠	

8.1.2 攻螺纹的方法

（1）攻螺纹前螺纹底孔直径的确定 攻螺纹前，必须先钻出螺纹底孔，螺纹底孔直径应比螺纹内径稍大些。攻螺纹时，丝锥的切削刃除起切削作用外，还对工件材料产生挤压作用，被挤压的金属材料会凸起并向工件螺纹牙型的顶端流动，嵌在丝锥刀齿根部的空隙中，从而使攻螺纹后螺纹孔小径小于原底孔直径。如果攻螺纹前，底孔直径与螺纹小径相同，则攻螺纹时，丝锥刀底根部与工件螺纹牙顶没有足够的容屑空间，丝锥就会被挤压出来的材料卡住，容易造成崩刃和折断。如果底孔直径钻得过大，会使螺纹的牙型高度达不到要求，使强度降低。所以攻螺纹时，螺纹底孔直径的大小必须根据工件材料性质、塑性的好坏、钻孔时的扩张量和螺纹直径大小等方面进行考虑，使攻螺纹时，有足够的空隙来容纳被挤出的材料，还能保证所加工的螺纹牙型的完整。

①普通螺纹底孔直径的经验计算公式 通过查表 8-2 或用经验公式计算得出，经验公式计算如下

$$d=D-P（适用钢和韧性材料）\qquad(8-1)$$
$$d=D-(1.05\sim1.1)P（适用铸铁和脆性材料）\qquad(8-2)$$

式中　d——内螺纹底孔直径，mm；

　　　　D——螺纹的公称直径，mm；

　　　　P——螺距，mm。

表 8-2　普通粗牙螺纹攻螺纹前钻底孔直径　　　　　　　　　　　mm

公称直径		3	4	5	6	8	10	12	14	16	20
螺距		0.5	0.7	0.8	1	1.25	1.5	1.75	2	2	2.5
底孔直径	铸铁	2.5	3.3	4.1	4.9	6.6	8.4	10.1	11.8	13.8	17.3
	钢	2.5	3.3	4.2	5	6.7	8.5	10.2	12	14	17.5

② 不通孔螺纹底孔深度的经验计算公式　攻不通孔螺纹时，由于丝锥切削部分不能攻出完整的螺纹，所以底孔深度（H）至少要等于螺纹长度（L）和丝锥切削部分长度之和，丝锥切削部分长度大致等于内螺纹的 0.7 倍。即

$$H = L + 0.7D \tag{8-3}$$

③ 英制螺纹底孔直径的经验计算公式

$$D_{底} = 25\left(D - \frac{1}{n}\right) \text{（适用于铸铁和脆性材料）} \tag{8-4}$$

$$D_{底} = 25\left(D - \frac{1}{n}\right) + (0.2\sim0.3) \text{（适用于钢和韧性材料）} \tag{8-5}$$

式中　$D_{底}$——底孔直径，mm；

　　　D——螺纹大径，($''$)；

　　　n——每英寸牙数。

（2）孔口倒角　钻完底孔后，应对孔口进行锪孔倒角（90°～120°），以使丝锥切削部分能够顺利切入底孔，通孔螺纹两端倒角，不通孔螺纹一端倒角。锪孔用的锪钻或麻花钻的直径为

$$D_{锪} = (1.1\sim1.2)D \tag{8-6}$$

式中　$D_{锪}$——锪孔直径，mm；

　　　D——螺纹大径，mm。

（3）攻螺纹的操作要点

① 手工攻螺纹

a. 攻螺纹前工件的装夹位置要正确，应尽量使螺孔中心线置于水平或垂直位置，在攻螺纹时便于判断丝锥是否垂直于工件平面。

b. 攻螺纹前螺纹底孔的孔口要倒角，通孔螺纹两端孔口都要倒角。这样便于丝锥非常容易地切入，防止攻螺纹出孔口处崩裂。

c. 在开始攻螺纹时，要尽量把丝锥放正；然后用手压住丝锥使其切入孔中，如图 8-5 所示；当切入 1～2 圈时，再仔细观察和校正丝锥位置，用目测或角尺检查和校正丝锥的位置，如图 8-6 所示，一般在切入 3～4 圈螺纹时，丝锥的位置应正确，这时应停止对丝锥施加压力，只需平稳地转动铰杠攻螺纹，靠丝锥上的螺纹自然旋进。

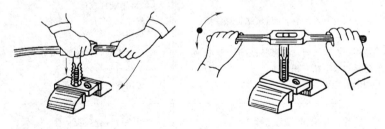

图 8-5　起攻的方法

d. 扳转铰杠，两手用力要平衡，无需太用力，防止左右晃动，防止牙型撕裂和螺孔扩大。

e. 攻螺纹时，每扳转铰杠 1/2～1 圈，就应倒转 1/2 圈，使切屑碎断后容易排除。

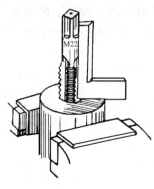

图 8-6 角尺检查攻丝垂直度

对塑性材料，攻螺纹时应经常加入足够的切削液，以减少阻力、提高螺孔的质量和延长丝锥使用寿命。

f 攻不通孔螺纹时，要经常退出丝锥，清除孔中的切屑，尤其当将要攻到孔底时，更应及时清除切屑，以避免丝锥被轧住。攻通孔螺纹时，丝锥校准部分不应全部攻出头，否则会扩大或损坏孔口螺纹。

g. 在攻螺纹过程中，换用另一只丝锥时应先用手旋入已攻出的螺孔中，直到手旋不动时，再用铰杠攻螺纹。

h. 丝锥退出时，应先用铰杠平稳地反向转动；当能用手直接旋动丝锥时，应停止使用铰杠，以防铰杠带动丝锥退出时产生摇摆和振动，损坏螺纹的表面粗糙度。

② 机动攻螺纹 为保证攻螺纹的质量和提高生产效率，应积极使用机器攻螺纹。机动攻螺纹要保持丝锥与螺纹底孔的同轴度要求。当丝锥即将进入螺纹底孔时，进刀要慢，以防止丝锥与螺孔发生撞击。在丝锥切削部分开始攻螺纹时，应在钻床进刀手柄上施加均匀的压力，帮助丝锥切入工件。机攻通孔螺纹时，丝锥的校准部分不能全部攻出头，否则在反转退出丝锥时，会使螺纹产生烂牙。在攻螺纹的过程中应加充足的切削液。

8.1.3 攻螺纹时常见的问题

攻螺纹时经常会出现丝锥损坏和零件报废等缺陷，攻螺纹常见问题及防止方法，见表 8-3。

表 8-3 攻螺纹常见问题及防止方法

问题	产生原因	防止方法
螺纹烂牙	①螺纹底孔直径太小 ②手攻螺纹时，铰杠左右摇摆 ③机攻时，丝锥校准部分全部攻出螺纹孔，退出丝锥时造成烂牙 ④头锥攻螺纹位置偏斜，二锥、三锥强行纠正 ⑤二锥、三锥与头锥不重合而强行攻螺纹 ⑥丝锥没有经常倒转，切屑堵塞把螺纹啃伤 ⑦攻不通孔螺纹时，丝锥到底后仍强行攻削 ⑧丝锥刀齿上粘有积屑瘤 ⑨切削液选用不合适	①查底孔直径，合格后再攻螺纹 ②两手握住铰杠用力要均匀 ③机攻时，丝锥校准部分不能全部攻出螺纹孔 ④当头锥攻入 1~2 圈后，如有歪斜，应及时纠正 ⑤换用二锥、三锥时应先用手将其旋入到不能旋入时，再用铰杠攻削 ⑥丝锥每旋进 1~2 圈要倒转 1/2 圈，使切屑折断后排出 ⑦攻制不通孔螺纹时，要在丝锥上做出深度标记 ⑧用油石进行修磨 ⑨选用合适的切削液
螺纹歪斜	①手攻螺纹时，丝锥位置有偏斜 ②机攻螺纹时，丝锥与螺纹底孔不同轴 ③手工螺纹时，用力不均匀	①用角尺检查是否垂直 ②钻底孔后不改变工件位置，直接攻制螺纹 ③两手握住铰杠用力要均匀
螺纹牙深不够	①攻螺纹之前，底孔直径太大 ②丝锥磨损	①底孔直径要合适，要正确钻孔 ②修磨或更换丝锥

续表

问题	产 生 原 因	防 止 方 法
螺纹表面粗糙度过大	①丝锥前、后面粗糙度粗 ②丝锥前、后角太小 ③丝锥不锋利或磨钝 ④丝锥刀齿上粘有积屑瘤 ⑤未选用合适的切削液 ⑥切屑拉伤螺纹表面	①重新修磨丝锥或更换丝锥 ②重新刃磨丝锥或更换丝锥 ③修磨丝锥或更换丝锥 ④用油石进行修磨或更换丝锥 ⑤选用合适的切削液 ⑥经常倒转丝锥,采用左旋容屑槽
丝锥崩牙及丝锥断在孔中	①工件材料硬度过高,有硬点、砂眼和杂物等 ②底孔过小,切屑堵塞,丝锥卡死孔中 ③铰杠手柄太长或用力不匀及过大 ④丝锥不正,单边受力大或强力纠正 ⑤攻不通孔时丝锥已攻到底了,仍用力攻削 ⑥切削速度过高 ⑦工件材料过硬又黏	①攻螺纹前,检查清理砂眼和夹渣等,攻螺纹速度要慢,添加切削液 ②底孔合适,攻螺纹时丝锥要经常倒转 ③正确选择铰杠,用力均匀而平稳 ④丝锥和孔端面垂直;不宜强行纠正 ⑤应根据深度在丝锥上作标记,或机攻时采用安全卡头 ⑥选择合适的切削速度 ⑦对材料做适当处埋,以改善其切削性能;采用锋利的丝锥

8.2　套螺纹

　　用板牙在圆柱杆上加工出外螺纹的加工方法称为套螺纹。常用的套螺纹工具主要有圆板牙和板牙架。

8.2.1　圆板牙和板牙架

　　(1) 板牙的类型和用途　板牙按结构形状和用途可分为：圆板牙,用于加工普通螺纹和锥形螺纹,有固定式和开槽式,如图 8-7 所示；四方板牙,使用时用方扳手,用于工作位置较窄的现场修理；六方板牙,使用时用六方扳手,也用于工作位置较窄的现场修理；管形板牙,用于六角车床和自动车床上；钳工板牙,这种板牙由两块拼成,用于钳工修配工作。

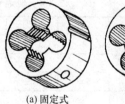

(a)固定式　　　(b)开槽式

图 8-7　圆板牙

　　(2) 圆板牙　圆板牙是加工外螺纹的工具,圆板牙的螺纹部分由切削锥部分和校准部分组成,如图 8-8 (a) 所示。圆板牙两端是带有 60°锥度的切削部分,螺纹中间一段是校准部分,具有完整的齿形,用来校准已切出的螺纹,也是套螺纹时的导向部分。M3.5 以上的圆板牙,其外圆上有四个锁定螺锥钉坑和一条 V 形槽。其中两个螺钉锥坑的轴线通过板牙中心,板牙铰杠上的两个锁定螺钉旋入后传递转矩。圆板牙一端的切削部分磨损后可换另一端使用。新的圆板牙 V 形槽与容屑孔是不通的,校准部分磨损后,套出的螺纹尺寸变大,以致超出公差范围时,可用锯片砂轮沿 V 形槽中心割出一条通槽,此时 V 形槽就成了调整槽。调整板牙铰杠上另两个锁定螺钉,顶入圆板牙上两个偏心锥坑内,使圆板牙的螺纹孔径缩小。调节

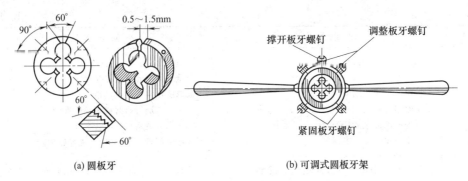

(a) 圆板牙　　　　　　　　　(b) 可调式圆板牙架

图 8-8　圆板牙与圆板牙架

时，应试套螺纹来确定调整是否合格。这种方法一般很少采用，即使采用也只适用于没有精度要求的螺纹。

（3）板牙架　板牙架是手工套螺纹时的辅助工具，是专门固定板牙的。常用的板牙架有固定式圆板牙架、可调式圆板牙架和管子板牙架，如图 8-8（b）所示为可调式圆板牙架。使用时将板牙装入架内，板牙上的锥坑和架上紧固螺钉对准，然后紧固。

8.2.2　套螺纹方法

（1）套螺纹前圆杆直径的确定　套螺纹前，先确定圆杆直径，直径太大，板牙不易套入；直径太小，套螺纹后螺纹牙型不完整。工件圆杆直径的确定可由表 8-4 查出，也可按下式计算

$$d = D - 0.13P \tag{8-7}$$

式中　d——工件圆杆直径，mm；

　　　D——螺纹公称直径，mm；

　　　P——螺距，mm。

表 8-4　普通粗牙螺纹套螺纹前圆杆直径尺寸　　　　　　　　　　mm

公称直径		6	8	10	12	14	16	18	20
螺距		1	1.25	1.5	1.75	2	2	2.5	2.5
圆杆直径	最小	5.8	7.8	9.75	11.75	13.7	15.7	17.7	19.7
	最大	5.9	7.9	9.85	11.9	13.85	15.85	17.85	19.85

（2）套螺纹的操作要点

① 为便于板牙切削部分切入工件并做正确的引导，工件圆杆端部应有 $15°\sim20°$ 的倒角，如图 8-9 所示，锥体的最小直径可略小于螺纹小径，避免螺纹顶端出现卷边和锋利刃口。

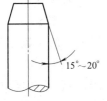

图 8-9　套螺纹时
圆杆的倒角

② 板牙端面与圆杆轴线应保持垂直。

③ 为了防止圆杆夹持偏斜和夹出痕迹，圆杆应装夹在硬木制成的 V 形钳口或软金属制成的衬垫中。

④ 开始起套螺纹时，用手掌按住圆板牙中心，沿圆杆轴线施加压力，并转动板牙铰杠；另一只手配合顺向切进，转动匀速缓慢，压力要大。

⑤ 当圆板牙切入圆杆 1～2 圈时，目测检查和校正圆板牙的位置；当圆板牙切入圆杆 3～4 圈时，停止施加压力并匀速转动，让板牙依靠螺纹自然套进，以免损坏螺纹和板牙。

⑥ 防止切屑过长，套螺纹过程中板牙经常倒转 1/4～1/2 圈。

⑦ 套螺纹应选择合适的切削液，以降低切削阻力，提高螺纹质量，延长板牙寿命。

8.2.3 套螺纹时常见的问题

套螺纹常见问题及防止方法见表 8-5。

表 8-5 套螺纹常见问题及防止方法

问题	产 生 原 因	防 止 方 法
螺纹乱牙	①切屑堵塞而未及时清除 ②对低碳钢等材料，未加切削液 ③圆杆直径太大 ④借正板牙歪斜时造成乱牙	①经常倒转板牙，以断裂和清除切屑 ②对塑性材料套螺纹，要加切削液 ③圆杆的直径要合适 ④板牙端面要与圆杆轴线垂直
螺纹歪斜	①圆杆端部倒角不符合要求 ②铰杠用力不均匀，不能保持板牙端面与圆杆轴线垂直	①圆杆端要按要求倒角 ②使用铰杠用力要均匀和平稳，经常检查垂直情况，及时纠正
牙深不够	①圆杆直径过小 ②板牙调节不宜，直径过大	①圆杆直径应按要求确定 ②应用标准螺杆调整尺寸
螺纹表面粗糙	①未加注切削液或切削液选用不当 ②板牙切削刃上附着有积屑瘤	①合理选用并充分加注切削液 ②去除积屑瘤，使刃口锋利

第9章 刮 削

刮削是用各种不同形状的刮刀从已加工表面上刮去很薄一层金属的加工方法。每次刮削的余量很小，所以切削变形也小，刮削后的工件可以获得形位误差小、尺寸精度高、表面质量好、接触精度高、抗疲劳和耐磨性高的特点，刮削后工件表面在光线反射下显示出明暗层次清晰、均匀整齐的花纹，美化工件外观，形成了良好的储油条件，改善润滑性能，减小磨损，提高零件的使用寿命。

刮削是一种应用较广的精密加工方法，在基准平板面、机床的导轨面、轴瓦摩擦表面等要求比较高的表面和磨损后表面的修复都会用到刮削加工。刮削是一项繁重的手工体力劳动，生产效率不高，但是在现代科技高度发达的今天仍有其不可代替的作用。

9.1 刮削概述

刮削通常是在工件或平板、直尺、精加工后的配合件上涂上一层较薄的显示剂相互研磨，将工件表面的高点显现出来并用刮刀刮掉。多次循环刮掉高点，增加配合表面的接触点，使之形成工件正确的形状或接触面间的精密配合。

9.1.1 刮削的种类

刮削可分为平面刮削和曲面刮削两类。

① 平面刮削是用平面刮刀刮去已加工表面上一层较薄金属的加工方法。平面刮削有单个平面刮削和组合平面刮削两种。

② 曲面刮削是用曲面刮刀刮去已加工表面上一层较薄金属的加工方法。曲面刮削有内圆柱面刮削、内圆锥面刮削和球面刮削等。

9.1.2 刮削的特点和应用

① 刮削的切削量小、切削力小、切削热少和切削变形小。

② 用具简单，不受工件形状、位置和设备条件的限制。

③ 在刮削过程中，工件表面受到刮刀多次反复进行的推挤和压光，使工件表面组织变得比原来紧密，获得良好的粗糙度，而且表面变得比以前紧密，从而提高了工件表面的抗疲劳能力与耐磨性。

④ 经过刮削后，工件表面分布着均匀的微浅月牙凹坑，利于储油，增加工件的润滑性能。

⑤ 刮削一般是利用标准件或互配件对工件表面进行涂色显点来确定其加工部位的，从而能保证工件有较高的形位公差和互配件的精密配合。

⑥ 应用于机床导轨和配合滑动表面之间、转动的轴和轴承之间、工量具的接触面和封闭面等。

9.1.3　刮削余量

刮削是一项精细的手工操作。刮削前，工件表面必须经过精铣或精刨等精加工。由于刮削的切削量小，因此刮削前的余量一般在 0.05～0.4mm 之间，具体根据刮削面积而定。

平面刮削余量参考表 9-1。

表 9-1　平面刮削余量参考　　　　　　　　　　　　　　　　　mm

平面宽度	平 面 长 度				
	100～500	500～1000	1000～2000	2000～4000	4000～6000
100 以下	0.10	0.15	0.20	0.25	0.30
100～500	0.15	0.20	0.25	0.30	0.40

9.2　刮削工具

9.2.1　刮刀与刃磨

（1）刮刀　刮刀是刮削的主要工具，刮刀一般是用碳素工具钢 T10A、T12A 或弹性好的轴承钢 GCr15 锻造而成，经刃磨和热处理淬硬后硬度可达 60HRC 左右。刮削硬工件时，可焊上硬质合金刀头。刮刀刀头硬度高、刃口锋利。根据用途不同，刮刀可分为平面刮刀和曲面刮刀两大类。

① 平面刮刀。用于刮削平面和外曲面，平面刮刀按其形状，可分为直头刮刀和弯头刮刀两种；按操作方式的不同，可分为手刮刀和挺刮刀；按所刮表面精度的不同，又分为粗刮刀、细刮刀和精刮刀三种，如图 9-1 所示。

(a) 手刮刀　　　　　　　　　　(b) 挺刮刀

图 9-1　平面刮刀

② 曲面刮刀。用于刮削内曲面，如轴瓦、轴套等，曲面刮刀因形状和用途不同，可分为三角刮刀和蛇头刮刀两种，如图 9-2 所示。

（2）平面刮刀的刃磨

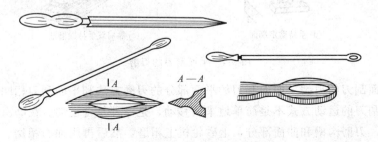

图 9-2　曲面刮刀

① 平面刮刀的几何角度。刮刀可按粗刮、细刮、精刮的要求不同而分类，如图 9-3 所示。

(a) 粗刮刀 (b) 细刮刀 (c) 精刮刀

图 9-3　平面刮刀的几何角度

三种刮刀的顶端角度：粗刮刀为 $90°\sim92.5°$，刀刃平直；细刮刀约为 $95°$，刀刃稍带圆弧；精刮刀为约 $97.5°$，刀刃带圆弧。刃磨后的刮刀平面应平整光洁，刃口无缺陷。

② 平面刮刀的刃磨。如图 9-4 所示。先粗磨刮刀表面，让刮刀平面在砂轮外圆上来回移动，先磨两平面直至平面平整，然后磨端面。如此反复，直到切削部分形状、角度符合要求，且刃口锋利为止。

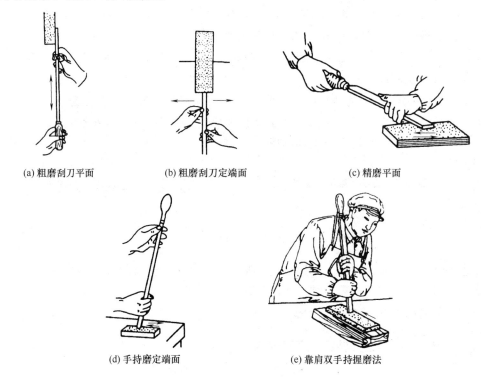

(a) 粗磨刮刀平面 (b) 粗磨刮刀定端面 (c) 精磨平面

(d) 手持磨定端面 (e) 靠肩双手持握磨法

图 9-4　平面刮刀的刃磨

（3）曲面刮刀的刃磨　曲面刮刀的平面部分的刃磨方法和平面刮刀相同，在曲面部分刃磨时，刮刀的运动方式不是简单地来回移动，是一种复合运动。在磨出曲面刮刀的平面部分后，刃磨沟槽和曲面部分，上砂轮机上粗磨，然后再用油石精磨，如图 9-5 所示为三角刮刀的刃磨。

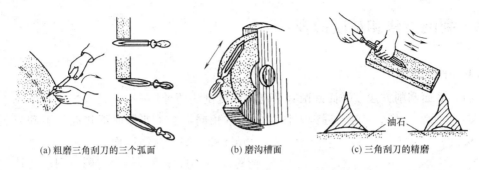

(a) 粗磨三角刮刀的三个弧面　　　(b) 磨沟槽面　　　(c) 三角刮刀的精磨

图 9-5　三角刮刀的刃磨

9.2.2　校准工具

　　校准工具也称为研具，校准工具是用于研点和检验刮削表面准确性的工具。常用的校准工具包括校准平板和平尺，如图 9-6 所示。常用的平尺有桥式直尺、工字形直尺、角度直尺，如图 9-7 所示。校准工具一般都是用耐磨铸铁铸造并经过时效处理，工作表面都经过精细刮削，具有良好的刚度、形位公差、稳定的尺寸和较低的表面粗糙度。校准工具用来与刮削表面磨合，以研点的多少和分布的疏密程度来显示刮削表面的平整程度。

图 9-6　校准平板

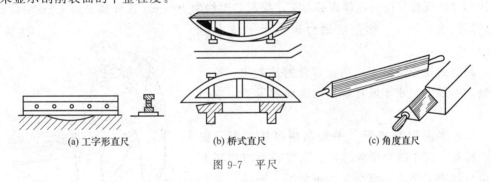

(a) 工字形直尺　　　(b) 桥式直尺　　　(c) 角度直尺

图 9-7　平尺

9.2.3　显示剂

　　工件和校准工具对研时所加的涂料叫显示剂。其作用是显示被刮削表面和校准工具的接触状况。常用的显示剂有红丹粉和蓝油两种。红丹粉又有铅丹和铁丹两种，由氧化铅或氧化铁加机械油调合而成，铅丹呈橘黄色，铁丹呈红色，用于钢件和铸铁表面的刮削涂色；蓝油，由蓝粉和蓖麻油加适量机油调和而成，主要用于非铁合金刮削时的涂色。显示剂在使用时，其显点方法是将显示剂涂在工件或涂在标准研具上，经推研则可显示出需要刮去的高点。显示剂涂在工件上，显示的结果是红底黑点，没有闪光，容易看清，适合精刮时选用。涂在标准研具上，显示的结果是灰白底，黑红色点子，有闪光，不易看清楚，但刮削时铁屑不易粘在刀口上，刮削方便，适合粗刮时选用。调和显示剂时油量不宜太多，能保证调和均匀即可，粗刮时调得稀些，精刮时调和得干些。涂抹显示剂要薄而均匀，且要保证显示剂清洁无杂质。

9.3 刮削方法和精度检查

9.3.1 平面刮削

（1）平面刮削方法　平面刮削有手刮法和挺刮法两种。

① 手刮法。右手姿势与握锉刀柄时的基本相同，左手四指向下扣握住距刮刀头部

图 9-8　手刮法

50mm 处，刮刀与刮削面成 25°～30°角。左脚前跨一步，身体重心靠向左腿。刮削时让刀头找准研点，身体重心往前倾斜的同时，右手跟进刮刀；左手下压，落刀要轻并引导刮刀前进方向；左手随着研点被刮削的同时，以刮刀的反弹作用力迅速提起刀头，提起高度为 5～10mm，这样就完成一次手刮动作，如图 9-8 所示。

② 挺刮法。将刮刀柄顶在小腹右下侧，双手握住刀身，左手在前，手掌向下，在距刮刀头部 80mm 处握住刀身；刮刀与刮削面一般成 15°～25°角，右手在后，手掌向上。刮削时刀刃对准研点，左手下压，右手控制刀头方向，利用腿部和臂部的合力往前推动刮刀；双手施加的压力由小到大，在研点被刮削的瞬间，并达到需要长度时，双手利用刮刀的反弹作用力迅速提起刀头，提起高度约为 10mm，这样就完成了一次挺刮动作，如图 9-9 所示。挺刮法适合加工余量较大的刮削。

刮削的姿势是钳工一项很重要的基本功，若不过硬，不仅生产效率低且刮出的表面质量差，也不美观。

（2）平面刮削步骤　平面刮削可按粗刮、细刮、精刮、刮花四个步骤进行。工件表面的刮削方向应与前道工序的刀痕交叉，每刮削一遍后，涂上显示剂，用校准工具配研，以显示加工面上的高低不平处，然后刮掉高点，如此反复进行。

图 9-9　挺刮法

① 粗刮。刮削前工件表面上有较深的加工刀痕，严重的锈蚀或刮削余量较多时（0.2mm 以上）进行粗刮。粗刮时应使用刃口较宽和长柄刮刀，刃口宽约为刀宽的 2/3～3/4，刮削时施加较大而又均匀的力，刮刀痕迹长，约 10～15mm，且要连成长片，不可重复。粗刮方向要与机加工刀痕约成 45°角，各次刮削方向要交叉成 30°～45°角。粗刮到工件表面研点增至每 25mm² 面积内有 4～5 点时转入细刮。

② 细刮。细刮用细刮刀刮去块状的研点。细刮采用刀痕宽约 6mm、长 5～10mm 的细刮刀将粗刮的表面进一步刮平，随着研点的增加，刀痕逐步缩短。细刮同样采用交叉刮削的方法，各次刮削方向要交叉成 45°～60°角。每次显示剂要涂得薄而均匀，以便

显点清晰。整个刮削面上达到每 25mm² 面积内有 12～15 个点时，即可进行精刮。

③ 精刮。精刮时选用宽 4～12mm、刃口锋利且呈弧形的精刮刀在细刮的基础上进一步增加研点数。精刮采用点刮法。精刮时，刮刀对准显点，落刀要轻，提刀要快，每一点只刮一刀。经反复配研、刮削，被刮平面每 25mm² 面积内应有 20 点以上。

④ 刮花。刮花纹是用刮刀在刮好的平面上刮出有规律的、装饰性的花纹。其目的一是增加刮削表面的美观度，保证良好的润滑性；二是可根据刀花的消失，判断平面的磨损程度。要求高的工件，不必刮出大的花纹。常见的花纹有斜花纹、鱼鳞花纹和半月花纹等，如图 9-10 所示。

(a) 斜花纹   (b) 鱼鳞花纹   (c) 半月花纹

图 9-10   刮花的花纹

9.3.2 平面刮削的精度检查

对刮削的质量要求，一般包括形状和位置精度、尺寸精度、接触精度、配合精度和表面粗糙度等。根据工件的具体工作要求不同，检查刮削精度的常用方法如下。

① 平面刮削的精度检验是用贴合点的数目来表示的，即在边长为 25mm 的正方形方框内有多少个研点数，如图 9-11 所示。一般普通平面 8～12 个研点数、精密平面 16～25 个研点数、超精密平面大于 25 个研点数。

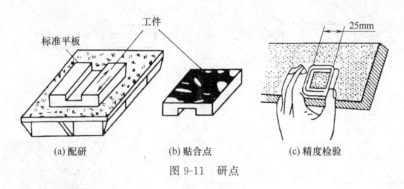

(a) 配研   (b) 贴合点   (c) 精度检验

图 9-11   研点

② 用水平仪检验工件的平面度和直线度。

③ 用百分表测量平行度。

④ 采用标准 90°圆柱检验棒和标准平板配合检查垂直度。

⑤ 用塞尺来检验配合精度。

⑥ 用表面粗糙度比样进行对比检测表面粗糙度。

⑦ 各种平面接触精度的研点数目如表 9-2 所示。

表 9-2　各种平面接触精度的研点数目

平面种类	25mm×25mm 面积内研点数	应 用 范 围
一般平面	2～5	较粗糙机件的固定结合面
	5～8	一般结合面
	8～12	机器台面、一般基准面、密封结合面、机床导向面
	12～16	机床导轨面及导向面、工具基准面、量具接触面
精密平面	16～20	精密机床导轨面、平尺
	20～25	1 级平板、精密量具
超精密平面	＞25	0 级平板、精密量具、高精度机床导轨面

9.3.3　原始平板的刮削

刮削原始平板一般采用渐进法，即不用标准平板，而以三块（或三块以上）原始平板依次循环对研刮削，来达到平板平面度要求。

（1）研点方法及阶段　为了防止平板发生纵、横向的平面度误差或避免出现形变扭曲，研点方法一般分为三个阶段和三种方法，即每一阶段的研点方法都有所不同。在第一阶段可采用纵向研点方法，即主动件推拉合研时，其纵向中心线平行于固定件纵向中心线，如图 9-12（a）所示；在第二阶段可采用横向研点方法，即主动件推拉合研时，其纵向中心线垂直于固定件纵向中心线，如图 9-12（b）所示，在第三阶段可采用对角研点方法，即主动件推拉合研时，其纵向中心线以 45°角相交于固定件纵向中心线，如图 9-12（c）所示。采用纵、横向研点刮削可消除纵、横方向的平面度误差，采用对角研点刮削可消除平板的形变扭曲误差。在刮削过程中，要随时对刮削面进行平面度误差分析，要做到边刮削、边检查、边修正，以保证达到平板的技术要求。

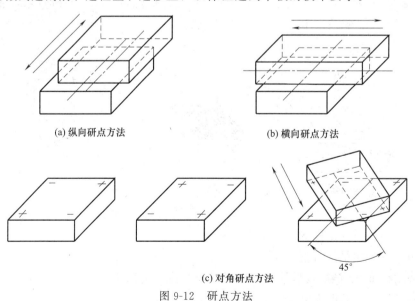

(a) 纵向研点方法　　　　　　　　　(b) 横向研点方法

(c) 对角研点方法

图 9-12　研点方法

（2）刮削准备　准备好经过机加工后的三块平板，将这三块平板编号，四周用锉刀倒角去毛刺，清理干净后对非加工面涂上油漆，准备好刮削工具等。

（3）刮削循环工序　一个刮削循环要经历七道工序，如图 9-13 所示。

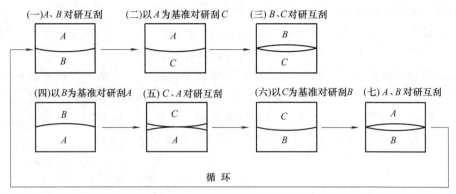

图 9-13　刮削循环工序

① 第一道工序　件 A 和件 B 对研显点后互刮。

② 第二道工序　以件 A 为基准与件 C 对研显点后刮件 C。

③ 第三道工序　件 B 和件 C 对研显点后互刮。

④ 第四道工序　以件 B 为基准与件 A 对研显点后刮件 A。

⑤ 第五道工序　件 C 和件 A 对研显点后互刮。

⑥ 第六道工序　以件 C 为基准与件 B 对研显点后刮件 B。

⑦ 第七道工序　件 A 和件 B 对研显点后互刮。

9.3.4　曲面刮削

曲面刮削与平面刮削基本相似，方法略有不同。曲面刮削也有粗刮、细刮、精刮、刮花四个步骤。进行内圆弧的刮削操作时，刮刀在内圆弧作螺旋运动，刀痕与圆弧面中心线约成 45°角。粗刮时刮刀的每次行程约 10mm，用力大、切削量多；细刮时刮刀的行程约为粗刮时的一半。内孔刮削常用与其相配的轴或标准轴作校准工具，将显示剂涂在孔的表面，用轴在孔中来回转动，显示接触点，再根据接触点进行刮削。用三角刮刀刮削轴瓦操作如图 9-14 所示。

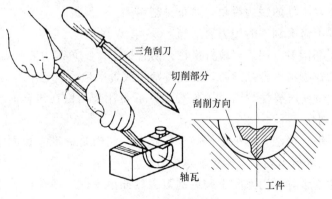

图 9-14　曲面的刮削

9.3.5　曲面刮削工序

曲面刮削也分为粗、细、精刮三个工序阶段，与平面刮削工序不同的是仅用同一把刮刀，通过改变刮刀与刮削面的相互位置就可以分别进行粗、细、精刮三个工序。下面以三角刮刀为例进行曲面刮削的粗、细、精刮工序的分析。

（1）粗刮　如图 9-15（a）所示。采用正前角刮削，两切削刃紧贴刮削面，刮削层比较深，适宜于粗刮工序，通过粗刮工序，可提高刮削效率。

（2）细刮　如图 9-15（b）所示。采用小负前角刮削，一切削刃紧贴刮削面，刮削层比较浅，适宜于细刮工序，通过细刮工序，可获得分布均匀的研点。

（3）精刮　如图 9-15（c）所示。采用大负前角刮削，一切削刃紧贴刮削面，刮削层很浅，适宜于精刮工序，通过精刮工序，可获得较高的表面质量。

(a) 正前角粗刮　　　(b) 小负前角细刮　　　(c) 大负前角精刮

图 9-15　曲面刮削工序

9.3.6　曲面刮削的精度检查

内曲面刮削的精度检查，也是用边长 25mm 的方框罩在与校准工具配研过的被检查表面，通过检测框内接触点数目来评定。一般滑动轴承，中间部位的点子可少些，每 $25mm^2$ 面积内有 6～8 点即可。而前后两端则要求多些，每 $25mm^2$ 面积内 12～15 点内为好，这样轴承受力情况较好，也便于储存润滑油。对重要的滑动轴承，如车床床头箱的主轴承，根据受力情况，确定接触点的数目。

9.4　刮削的注意事项

刮削过程中应注意的安全事项主要有以下几个方面。

① 刮削前清除工件的锐边锐角，防止碰割伤手。

② 刮削过程中修磨刮刀时用力要适当。

③ 不使用无柄刮刀，用后要放置平稳，防止掉下。三角刮刀要有刀套，妥善保管。

④ 操作者站在脚踏板上刮削时，要把脚踏板放置平稳，以免用力刮削时滑倒。

⑤ 每次刮削推研时要注意清洁工件表面，不要让杂质留在研合面上，以免造成刮面或标准平板的划伤。

⑥ 不论粗、细、精刮，对小工件的显示研点，应当是标准平板固定，工件在平板上推研，推研时要求压力均匀，避免显示失真。

⑦ 刮削工件边缘时，用力要小避免刮刀突然冲出工件，使操作者失去平衡摔倒造成事故。

第10章 研 磨

10.1 研磨概述

研磨是用研磨工具和研磨剂从工件表面研去一层极薄金属层的精加方法。

10.1.1 研磨的基本原理

研磨是以物理和化学作用除去零件表层金属的一种加工方法。

（1）物理作用 研磨时，要求研具材料比被研磨的工件软。研磨时，涂在研具表面的磨料当受到一定压力后，研磨剂中微小颗粒被压嵌在研具的表面，成为无数个切削刃，在研具和工件复杂的相对运动中，磨料对零件产生微量的切削与挤压，工件表面被切去一层极薄的金属。

（2）化学作用 采用氧化铬和硬脂酸配置的研磨剂时，被研表面与空气接触后，很快会形成一层氧化膜，氧化膜会很容易地被研磨掉，在研磨过程中，氧化膜迅速地形成（化学作用），又不断地被研磨掉（物理作用），提高了研磨的效率。

10.1.2 研磨的作用

① 使工件达到精确的尺寸。研磨后，尺寸精度可达到 $0.001 \sim 0.005mm$。

② 能提高工件的形位精度。研磨后，形位误差可控制在 $0.005mm$ 内。

③ 使工件获得很好的表面粗糙度。与其他加工方法相比，经过研磨加工后得到的表面粗糙度最小。一般情况下，表面粗糙度值为 $Ra0.1 \sim 1.6\mu m$，最小可达 $Ra0.012\mu m$。

④ 可延长使用寿命。经研磨的零件，由于有精确的几何形状和很小的表面粗糙度，零件的耐磨性、抗腐蚀性和疲劳强度都相应地得到提高，从而延长了零件的使用寿命。

10.1.3 研磨的种类和研磨余量

研磨分手工研磨和机械研磨两种，钳工一般采用手工研磨。

由于研磨时微量切削，一般每研磨一遍所能磨去的金属层不超过 $0.002mm$，所以研磨余量不能太大，通常研磨余量在 $0.005 \sim 0.03mm$ 范围内比较适宜，有时研磨余量就留在工件的公差之内。

10.2 研具

研具是研磨加工中保证被研磨零件几何精度的重要因素，因此对研具的材料、精度和表面粗糙度有很高的要求。不同形状、材质的工件需要不同形状、材质的研具。常用的研具有研磨平板、研磨棒和研磨套等。

10.2.1 研磨平板

研磨平板主要用于研磨平面工件,如研磨量块、精密量具的测量面等。研磨平板分有槽的和光滑两种。有槽平板用于粗研,研磨时易于将工件压平,防止将工件磨成凸起的弧面。光滑平板用于精研,以提高研磨工件表面的精度。如图 10-1 所示。

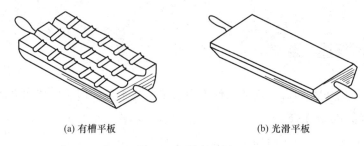

(a) 有槽平板   (b) 光滑平板

图 10-1 研磨平板

10.2.2 研磨棒

研磨棒主要用于研磨套类工件的内孔。研磨棒的外径应比工件的内径小 0.01~0.025mm。研磨棒的形式有固定式和可调式两种。

固定式研磨棒制造简单但磨损后无法补偿,主要用于单件工件和机械修理中的研磨,如图 10-2 所示。

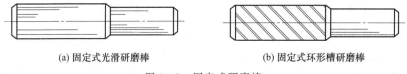

(a) 固定式光滑研磨棒   (b) 固定式环形槽研磨棒

图 10-2 固定式研磨棒

可调式研磨棒的尺寸可在一定的范围内调整,适用于成批生产中的工件孔位的研磨,其寿命较长,应用广泛,如图 10-3 所示。

10.2.3 研磨套

研磨套主要用于研磨轴类工件的外圆表面,研磨套的形式一般做成可调节式,如图 10-4 所示。研磨套的内径应比工件的外径略大 0.025~0.05mm。研磨一段时间后,研磨套的内径增大,可拧紧调节螺钉使孔径缩小,以保证合适的间隙。

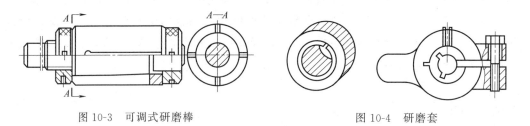

图 10-3 可调式研磨棒   图 10-4 研磨套

10.2.4 研具材料

要使研磨剂中的微小磨料嵌入研具表面,研具表面的材料硬度应稍低于被研零件,但不能太软,否则会全部嵌入研具而失去研磨作用。所以在研磨时对研具的材料有较高的要求，研具的组织必须均匀，硬度要低于工件的硬度，还应具有较高的耐磨性和稳定性。常见的研具材料有如下几种。

① 灰铸铁　润滑性好，硬度适中，嵌入性较好，研磨效果好，价廉易得，应用广泛。

② 球墨铸铁　嵌入性相对灰铸铁更好，嵌存磨料均匀、牢固，强度高，寿命较长，应用广泛。

③ 低碳钢　韧性好，不容易折断，常用来作为小型工件的研具。

④ 铜　材质较软，嵌入性好，研磨软钢类工件的研具。

10.3　研磨剂

研磨剂由是磨料、研磨液、辅料调和而成的混合剂。

10.3.1　磨料

磨料在研磨中起切削金属表面的作用，与研磨加工的效率、精度、表面粗糙度有密切关系。常用的磨料有刚玉类磨料、碳化物磨料、金刚石磨料等几种，见表 10-1。

表 10-1　磨料的种类、特性和适用范围

类别	磨料名称	代号	特　性	适　用　范　围
刚玉类	棕刚玉	A	棕褐色。硬度高，韧性大，价格便宜	粗、精研磨铸铁、钢、黄铜
	白刚玉	WA	白色。硬度比棕刚玉高，韧性比棕刚玉差	精研淬火钢、高速钢、高碳钢及薄壁零件
	铬刚玉	PA	玫瑰红或紫色。韧性比白刚玉高，磨削表面质量好	研磨各种量具、仪表零件及高精度表面
	单晶刚玉	SA	淡黄色或白色。硬度和韧性比白刚玉高	研磨不锈钢、高钒高速钢等强度高、韧性大的材料
碳化物	黑碳化硅	C	黑色。硬度比白刚玉高，脆而锋利，导电和导热性良好	研磨铸铁、黄铜、铝、耐火材料及非金属材料
	绿碳化硅	GC	绿色。硬度和脆性比黑碳化硅高，导电和导热性好	研磨硬质合金、硬铬、宝石、陶瓷、玻璃等
	碳化硼	BC	灰黑色。硬度次于金刚石，耐磨性好	精研和抛光硬质合金、人造宝石等硬质材料
金刚石	天然金刚石	JT	硬度最高，价格昂贵	粗、精研和超精研硬质合金和宝石
	人造金刚石	JR	无色透明或淡黄色。硬度高，比天然金刚石略脆，表面粗糙	
其他	氧化铁		红色或暗红色。比氧化铬软	精研或抛光钢、铸铁、玻璃等材料
	氧化铬		深绿色	

10.3.2　磨料粒度及应用

磨料的粗细程度是用粒度来表示，粒度越细，研磨精度越高。磨料粒度按照颗粒尺寸分为磨粉和微粉两种，磨粉号数在 100～280 的范围内选取，数字越大，磨料越细；

微粉号数在 W40～W0.5 的范围内选取，数字越小，磨料越细。磨料粒度及应用如表10-2 所示。

表 10-2　磨料粒度及应用

磨料粒度号数	加工工序类别	可达到的表面粗糙度值 $Ra/\mu m$
100～280	用于最初的研磨加工	～0.4
W40～W20	用于粗研磨加工	0.4～0.2
W14～W7	用于半精研磨加工	0.2～0.1
W5～W1.5	用于精研磨加工	0.1～0.05
W1～W0.5	用于抛光、镜面研磨加工	0.025～0.01

10.3.3　研磨液

研磨液在研磨加工中起调和磨料、润滑与冷却的作用。磨料不能直接用于研磨，必须加注研磨液和辅助材料调和后才能使用。常用的研磨液有煤油、汽油、机油、工业甘油及熟猪油等。根据需要在研磨液中再加入适量的石蜡、蜂蜜等填料和黏度较大、氧化作用较强的油酸、脂肪酸、硬脂酸等，研磨效果更好。

10.4　研磨方法

研磨分为手工研磨和机械研磨两种。手工研磨时，要使工件表面各处都受到均匀的切削，应选择合理的运动轨迹，对提高研磨效率、工件的表面质量和研具的寿命都有直接的影响。

(1) 研磨时的上料方法　研磨时的上料方法有干研法、湿研法和半干研法三种。

① 干研法　干研法又称为压嵌法，其方法又分为两种。一是采用三块平板并在其上面加入研磨剂，用原始研磨法轮换嵌入研磨剂，使磨料均匀嵌入平板内；二是用淬硬压棒将研磨剂均匀压入平板，研磨时只需在研具表面涂以少量的硬脂酸混合脂等辅助材料。干研法常用于精研磨，所用微粉磨料粒度细于 W7。

② 湿研法　湿研法又称为涂敷法。研磨前将液态研磨剂涂敷在工件或研具上，在研磨过程中，有的被压入研具内，有的呈浮动状态。由于磨料难以分布均匀，故加工精度不及干研法。湿研法一般用于粗研磨，所用微粉磨料粒度粗于 W7。

③ 半干研法　类似湿研法，所用研磨剂是糊状研磨膏。研磨既可用手工操作，也可在研磨机上进行。工件在研磨前须先用其他加工方法获得较高的预加工精度，所留研磨余量一般为 5～30μm。

(2) 研磨速度和压力　粗研平面时，运动速度取 40～60 次/min，压力约为 0.1～0.2MPa；精研平面时，运动速度取 20～40 次/min，压力约为 0.01～0.05MPa。

10.4.1　研磨工作内容

(1) 平面研磨　平面研磨应在非常平整的研磨平板上进行。研磨平板分有槽和光滑两种，粗研在有槽的平板上进行，精研在无槽的平板上进行。研磨前要根据工件的特点选择好合适的研具、研磨剂、研磨运动轨迹、研磨压力和研磨速度。用煤油或汽油把平板擦洗干净，再涂上适量研磨剂，将工件的被研表面与平板贴合进行研磨。平面研磨余量参考表 10-3。

表 10-3　平面研磨余量　　mm

平面长度	平面宽度		
	≥25	26～75	76～150
25	0.005～0.007	0.007～0.010	0.010～0.014
26～75	0.007～0.010	0.010～0.014	0.014～0.020
76～150	0.010～0.014	0.014～0.020	0.020～0.024
151～260	0.014～0.018	0.020～0.024	0.024～0.030

　　（2）研磨外圆柱表面　　外圆研磨一般在车床或钻床上，采用手工与机械相配合的方法，用研磨套对工件进行研磨。研磨时工件由车床或钻床带动。在工件上均匀地涂上研磨剂，套上研磨套并调整好研磨间隙，其松紧程度以手用力能转动研磨套为宜。通过工件的旋转，使研磨套在工件上沿轴线方向做往复运动进行研磨，如图 10-5 所示。研磨外圆时，工件的转速一般是直径小于 80mm 时 100r/min，直径大于 100mm 时 50 r/min。研磨时，如果研磨套往复速度适当时，则工件上研磨出来的网纹成 45°交叉线；移动太快，则网纹与工件轴线夹角就较小；移动太慢，则网纹与工件轴线夹角较大，如图 10-6 所示。外圆柱表面研磨余量参考表 10-4。

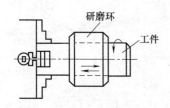

图 10-5　研磨外圆柱面

 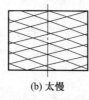 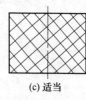

(a) 太快　　　　(b) 太慢　　　　(c) 适当

图 10-6　研磨外圆柱面网纹与轴线的夹角

表 10-4　外圆柱表面研磨余量　　mm

外径	余量	外径	余量
≤10	0.003～0.005	51～80	0.008～0.012
11～18	0.006～0.008	81～120	0.010～0.014
19～30	0.007～0.010	121～180	0.012～0.016
31～50	0.008～0.010	181～260	0.015～0.020

　　（3）内圆柱面研磨　　内圆柱面研磨的方法是将研磨棒放置在车床两顶尖之间或夹在钻床的钻夹头上，把工件套在研磨棒上，研磨棒作旋转运动，手握工件作往复直线运动。在研磨时，应调节研磨棒与工件配合的松紧程度，一般用手把持工件往复直线运动时，不感觉十分费力为宜，如图 10-7 所示。内圆柱表面研磨余量参考表 10-5。

10.4.2　研磨运动轨迹

　　手工研磨运动轨迹，一般采用直线、摆线、螺旋线和 8 字形或仿 8 字形等几种。见表 10-6。

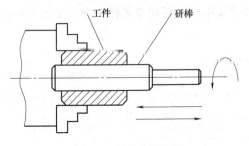

图 10-7　研磨内圆柱面

表 10-5　内圆柱表面研磨余量　mm

内径	余　量	
	铸铁	钢
25～125	0.020～0.100	0.010～0.040
150～275	0.080～0.100	0.020～0.050
300～500	0.120～0.200	0.040～0.060

表 10-6　研磨运动轨迹

轨迹	运动说明	特　点	适用范围	图　解
直线	研磨按直线方式运动,不能相互交叉,容易直线重叠	使工件获得较高的精度	有台阶的狭长平面的研磨	
直线与摆动	在左右摆动的同时,作直线往复移动	获得比较好的平直度	90°角尺等量具的研磨	
螺旋形	工件以螺旋的方式运动	获得较好的平面度和很小的表面粗糙度值	圆柱形或圆片形工件的端面	
8 字形	滑移的轨迹 8 字形交叉运动形式	可提高工件的质量,且能均匀使用研具	量规类小平面	

10.5　研磨时应注意的问题

研磨时应注意以下几方面的问题。

① 正确选择合适的研具、研磨剂及研磨的方法。

② 每次添加研磨剂的量不宜过多,而且要分布均匀。

　　③ 研磨时，研磨的速度不能太快，研磨压力不能太大。在研磨过程中，速度快、压力大则研磨效率高。若速度太快、压力太大，则工件表面粗糙，工件容易发热变形，甚至会发生因磨料压碎而使表面划伤。

　　④ 研磨中，必须注意清洁工作。改变研磨工序时，必须做全面清洗，以清除上道工序留下的较粗磨料。在研磨后及时将工件清洗干净并防锈。

　　⑤ 工件的被加工面与研具的工作面在研磨中始终保持相密合的平行运动，工件的运动轨迹均匀地遍及整个研具表面，保持研具的均匀磨损。

第11章　矫正和弯曲

11.1　矫正

通过外力作用，消除金属材料、型材或工件的不平、不直、弯曲、扭曲等缺陷的加工方法称为矫正。按矫正时产生矫正力的方法，矫正可分为手工矫正、机械矫正两种。

11.1.1　矫正原理

金属材料的变形有两种：一种是在外力作用下，材料发生变形，当外力去除后，仍能恢复原状，这种变形称为弹性变形；另一种是当外力去除后不能恢复原状，这种变形称为塑性变形。矫正是对塑性变形而言，所以只有对塑性好的材料才能进行矫正。而塑性差、脆性大的材料就不能进行矫正。

金属板材、型材矫正的实质，就是使它产生新的塑性变形来消除原来的不平、不直或翘曲变形。在矫正的过程中，金属板材、型材要产生新的塑性变形，它的内部组织变得紧密，金属材料表面硬度、强度增加，塑性下降，性质变脆。这种材料变硬的现象叫做冷作硬化。冷硬后的材料给进一步的矫正或其他冷加工带来困难，必要时可进行退火处理，使材料恢复到原来的力学性能。

11.1.2　手工矫正方法

手工矫正主要采用锤击的方法或利用一些简单工具、设备来进行矫正。所用工具有：锤子、铜锤、木锤、橡胶锤，平板和铁砧，台虎钳，螺旋压力工具，抽条和拍板等。

（1）扭转法

① 扁钢扭曲的矫正，如图 11-1 所示。将扁钢的一端用台虎钳夹住，另一端用叉形扳手或活动扳手夹持扁钢，向扭曲的相反方向扭转，待扭曲变形消失后，再用锤击将其矫平。

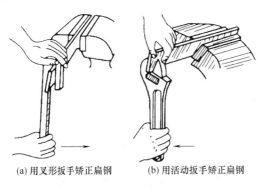

(a)用叉形扳手矫正扁钢　　(b)用活动扳手矫正扁钢

图 11-1　扁钢扭曲的矫正

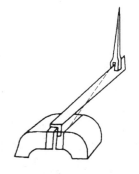

图 11-2　角钢扭曲的矫正

② 角钢扭曲的矫正，如图 11-2 所示。将角钢的一端用台虎钳夹住，另一端用叉形扳手或活动手夹持角钢，向扭曲的相反方向扭转。

（2）弯曲法

① 扁钢弯曲的矫正，如图 11-3 所示。扁钢在厚度方向上弯曲时，将近弯曲处夹入台虎钳，然后在扁钢的末端用扳手朝相反方向扳动或将扁钢的弯曲处放在台虎钳口内，直接压直，最后放到平板上或铁砧上用锤子捶打，矫正到平直。

② 棒材、轴类工件的矫正，如图 11-4 所示。直径小的棒材可采用"扁钢在厚度方向上弯曲时"矫正的方法进行矫正。轴类工件的矫直，一般用压力机进行。

③ 角钢内、外弯曲的矫正，如图 11-5 所示。矫正角钢内弯曲时，角钢可放在钢圈上或铁砧上，角钢应背面朝上立放，在用力锤击时，锤柄应稍微放低一个角度。矫正角钢外弯曲时，角钢可放在钢圈上或铁砧上。在用力锤击时，锤柄应稍微抬高或放低一个角度。

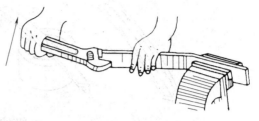

(a) 用活动扳手反向扳动扁钢

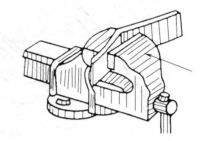

(b) 用台虎钳压直

(c) 锤击扁钢矫正

图 11-3　扁钢弯曲的矫正

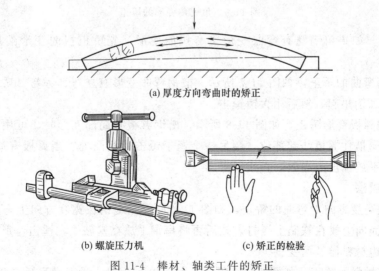

(a) 厚度方向弯曲时的矫正

(b) 螺旋压力机　　　　(c) 矫正的检验

图 11-4　棒材、轴类工件的矫正

④ 角钢角变形的矫正，如图 11-6 所示。矫正角钢的角变形时，可以在 V 形铁上或平台上锤击矫正。如果角钢同时有几种变形，则应先矫正变形较大的部位，再矫正变

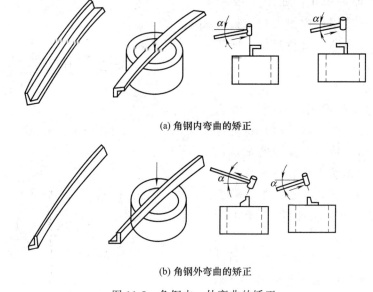

(a) 角钢内弯曲的矫正

(b) 角钢外弯曲的矫正

图 11-5　角钢内、外弯曲的矫正

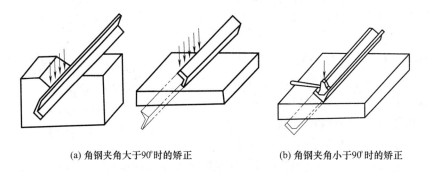

(a) 角钢夹角大于90°时的矫正　　　　(b) 角钢夹角小于90°时的矫正

图 11-6　角钢角变形的矫正

形较小部位。如果角钢既有弯曲变形又有扭曲变形，先矫正扭曲变形然后矫正弯曲变形。

⑤ 槽钢弯曲的矫正，如图 11-7 所示。槽钢弯曲变形有立弯、旁弯。矫正方法是将槽钢用两根圆钢垫起，然后用大锤锤击。

⑥ 槽钢翼板变形矫正，如图 11-8 所示。槽钢翼板有局部变形时，可用一个锤子垂直抵住或横向抵住翼板凸起部位，用另一个锤子锤击翼板凸处。当翼板有局部凹陷时，也可将翼板平放锤击凸起处，直接矫平。

（3）延展法

① 扁钢宽度方向上弯曲的矫正，如图 11-9 所示。扁钢在宽度方向上弯曲时，可先将扁钢的凸面向上放在铁砧上捶打，然后再将扁钢平放在铁砧上，锤击弯形里面，经锤击后使这一边材料伸长而变直。

② 薄板材料的矫正，如图 11-10 所示。薄板中间凸起，矫正时可锤击板料的边缘，从外到里锤击，将材料矫平；薄板边缘呈波浪状，矫正锤击点应从中间向四周反复多次捶打，使其矫平；薄板对角翘曲变形，矫正时锤击点应沿另一个没有翘曲的对角线锤

击，使其延展而矫平；薄板有微小
扭曲时，可用抽条从左到右顺序抽
打平面，容易达到平整；铜箔、铅
箔等薄而软的箔片变形，可将箔片
放在平板上，一手按住箔片，一手
用木块沿变形处挤压，使其延展达
到平整。

（4）伸张法　细长线材矫直，
如图 11-11 所示。将蜷曲线材一端
夹在台虎钳上，在钳口处把线材在
圆木上向后拉，右手展开线材，线
材在拉力作用下，得到伸长矫直。

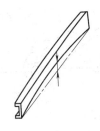

(a) 立弯的矫正

(b) 旁弯的矫正

图 11-7　槽钢弯曲的矫正

11.1.3　机械矫正方法

① 用滚板机矫正板料，如图
11-12 所示。用滚板机矫正材料时，
厚板辊少，薄板辊多，上辊双数，下辊单数。矫正厚度相同的小块材料，可放在一块大
面积的厚板上同时滚压多次，并翻转工件，直至矫平。

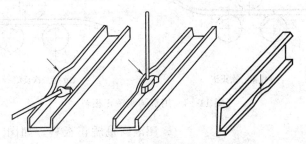

图 11-8　槽钢翼板变形矫正

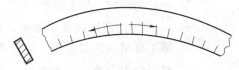

图 11-9　扁钢宽度方向上弯曲的矫正

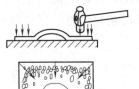

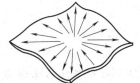
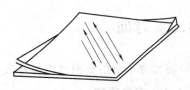

(a) 薄板中间凸起　　　　　(b) 薄板边缘呈波浪状　　　　　(c) 薄板对角翘曲

图 11-10　薄板材料的矫正

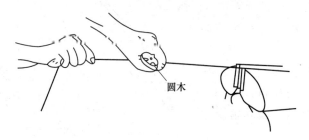

图 11-11　细长线材矫直

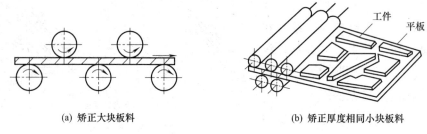

(a) 矫正大块板料　　　　　　(b) 矫正厚度相同小块板料

图 11-12　用滚板机矫正板料

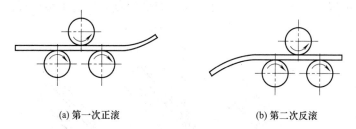

(a) 第一次正滚　　　　　　　(b) 第二次反滚

图 11-13　用滚圆机矫正板料

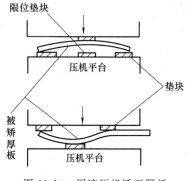

图 11-14　用液压机矫正厚板

② 用滚圆机矫正板料，如图 11-13 所示。用三辊滚圆机矫正板料，它是通过材料反复弯曲变形而使应力均匀，使之矫平。

③ 用液压机矫正厚板，如图 11-14 所示。厚板矫正可用液压机进行。在工件凸起处施加压力，使材料内应力超过屈服极限，产生塑性变形，从而纠正原有变形。但应适当采用矫枉过正的方法，因为在矫正时材料由塑性变形而获得平整，但在卸载后还是有些部分弹性恢复。

11.2　弯曲

将原来平直的板料或型材弯成所需形状的加工方法称为弯曲。

11.2.1　弯曲原理

弯曲是使材料产生塑性变形，因此只有塑性好的材料才能进行弯曲。如图 11-15

（a）为弯曲前的钢板，如图 11-15（b）为钢板弯曲后的情况，它的外层材料伸长，内层材料缩短，而中间一层材料在弯曲后的长度不变，这一层叫中性层。材料弯曲部分的断面，虽然由于发生拉伸和压缩，使它产生变形，但其断面面积保持不变。

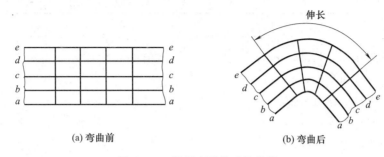

(a) 弯曲前　　　　　　　　(b) 弯曲后

图 11-15　钢板弯形前后的情况

经过弯曲的工件越靠近材料的表面，金属变形越严重，也就越容易出现拉裂或压裂现象。

相同材料的弯曲，工件外层材料变形的大小决定于工件的弯曲半径。弯曲的半径越小，外层材料的变形越大。为了防止弯曲件的拉裂，必须限制工件的弯曲半径，使它大于导致材料开裂的临界半径（最小弯曲半径）。实验证明，当弯曲半径大于 2 倍材料厚度时，一般就不会被弯裂，如果工件的弯曲半径比较小时，应该分两次或多次弯曲，中间进行退火。

材料弯曲变形是塑性变形，但是不可避免地有弹性变形存在。工件弯曲后，由于弹性变形的恢复，使得弯曲角度和弯曲半径发生变化，这种现象称为"回弹"。利用胎具夹成批弯制时，多弯过一些，以抵消工件的回弹。

11.2.2　弯曲件展开长度的计算

由于工件在弯形后中性层的长度不变，因此，在计算弯曲工件的毛坯长度时，可按中性层的长度计算。在一般情况下，工件弯形后，中性层不在材料的正中，而是偏向内层材料的一边。经试验证明，中性层的位置与材料的弯曲半径 r 和材料厚度 t 有关。在材料弯曲过程中，其变形大小与下列因素有关，如图 11-16 所示。

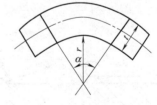

① r/t 比值愈小，变形愈大；r/t 比值愈大，则变形愈小。

图 11-16　弯曲半径和弯曲角

② 弯曲角 α 愈小，变形愈小；弯曲角 α 愈大，则变形愈大。

由此可见，当材料厚度不变，弯曲半径愈大，变形愈小，而中性层愈接近材料厚度的中间。如弯曲半径不变，材料厚度愈小，而中性层也愈接近材料厚度的中间。因此在不同的弯曲情况下，中性层的位置是不同的，见表 11-1。

当弯曲半径 $r \geq 16$ 倍材料厚度 t 时，中性层在材料厚度的中间。在一般情况下，为了简化计算，当 $r/t \geq 5$ 时，按 $x_0 = 0.5$ 进行计算。

内边带圆弧的制件的毛坯长度等于直线部分和圆弧中性层长度相加的和。圆弧中性层长度可按下列公式计算

表 11-1 弯曲中性层位置系数

r/t	0.5	0.8	1	2	3	4	5	6	7	8	10	12	14	>16
x_0	0.25	0.3	0.35	0.37	0.4	0.41	0.43	0.44	0.45	0.46	0.47	0.48	0.49	0.5

$$L = \pi(r + x_0 t)\alpha / 180°$$

式中　L——圆弧部分长度，mm；

　　　r——内弯曲半径，mm；

　　x_0——中性层位置系数；

　　　t——材料厚度，mm；

　　　α——弯形角，(°)。

对于内边弯曲成直角而不带圆弧的制件，求毛坯的长度，可按弯曲前后毛坯体积不变的原则，参照实际生产情况，导出简化公式

$$L = 0.5t$$

11.2.3　弯曲方法

工件的弯曲有冷弯和热弯两种。冷弯是指在常温下进行的弯曲，常由钳工完成，适合于材料厚度<5mm 的钢材。当材料厚度>5mm 时，材料在预热后进行弯曲称为热弯。以下介绍几种简单的手工弯曲工作。

（1）板料的弯曲

① 薄板料卷边　在板料的一端划出两条卷边线，$L = 2.5d$ 和 $L_1 =$（1/4～1/3）L，按图 11-17 所示的步骤进行弯形。首先把板料放到平台上，露出 L_1 长并弯成 90°，边向平台外伸料边弯曲，直到 L 为止；然后翻转板料，敲打卷边向里扣，穿入合适的芯轴放入卷边内，继续锤扣；最后翻转板料，接口靠紧平台缘角，轻敲接口咬紧。

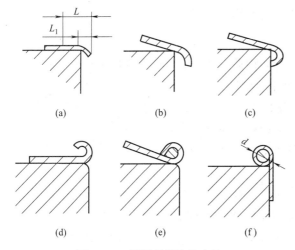

图 11-17　薄板料卷边的方法

② 弯直角工件　当工件形状简单，尺寸不大，且能在台虎钳上夹持时，可在台虎钳上弯制直角。弯曲前先在弯曲部位划好线，线与钳口对齐夹持工件，工件两边要与钳口垂直，再用木锤在靠近弯曲部位的全长上轻轻敲打即可，还可用硬木垫块在弯曲处进行敲打，如图 11-18 所示。

当工件弯曲部位的长度大于钳口长度，而且工件两端又较长，无法在台虎钳上夹持时，可将一边用压板压在有 T 形槽的平板上，用木锤或在弯曲处垫上方木条进行锤击，使其逐渐弯成直角，如图 11-19 所示。

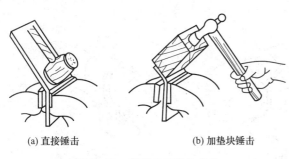

(a) 直接锤击　　　(b) 加垫块锤击

图 11-18　弯直角工件的方法

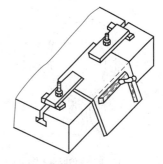

图 11-19　弯较大板料的方法

③ 弯多直角工件　弯制各种多直角工件，如图 11-20 所示，可用木垫或金属垫作辅助工具，其弯曲步骤如下：首先将板料按划线夹入两块角铁衬内弯成 A 角，如图 11-20 (b) 所示；然后用衬垫①弯成 B 角，如图 11-20 (c) 所示；最后用衬垫②弯成 C 角，如图 11-20 (d) 所示。

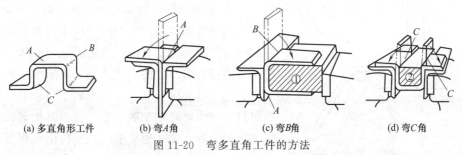

(a) 多直角形工件　　(b) 弯A角　　(c) 弯B角　　(d) 弯C角

图 11-20　弯多直角工件的方法

④ 弯圆弧形工件　如图 11-21 所示，首先在材料上划好弯曲线，按划线夹在台虎钳的两块角铁衬垫里，然后用方头手锤的窄头锤击。经过图 11-21 (b)、(c)、(d) 所示的 3 步初步成形，最后按图 11-21 (e) 所示在半圆模上修整圆弧，使最终形状合格。

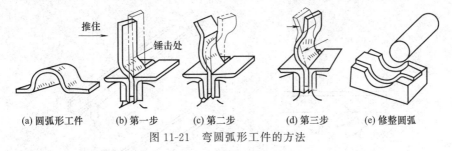

(a) 圆弧形工件　(b) 第一步　(c) 第二步　(d) 第三步　(e) 修整圆弧

图 11-21　弯圆弧形工件的方法

⑤ 弯圆弧和角度结合的工件　如图 11-22 所示，首先在板料上划好弯曲线，并将两端的圆弧和孔加工好；然后按划线将工件夹在台虎钳的衬垫内，将两端处弯好，如图 11-22 (b) 所示；最后在圆钢上弯工件的圆弧，如图 11-22 (c) 所示。

(2) 角钢的弯曲

① 角钢角度弯曲　角钢角度弯曲有三种形式，如图 11-23 所示。大于 90°的弯曲程度较小；等于 90°的弯曲程度中等；小于 90°的弯曲程度大。弯曲的步骤为：首先计算锯切角 α 的大小；然后划线锯切 α 角槽，锯切时应保证 $\alpha/2$ 角的对称，两边要平整。V形口的尖角处要清根，以免弯曲后结合不严；最后夹在台虎钳上进行弯曲，边弯曲边锤

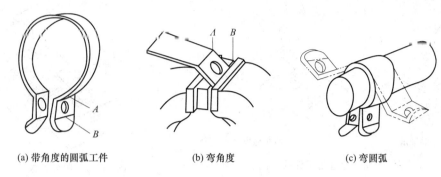

(a) 带角度的圆弧工件　　(b) 弯角度　　(c) 弯圆弧

图 11-22　弯圆弧和角度结合工件的方法

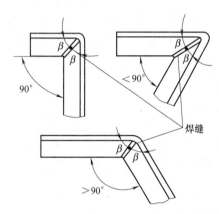

图 11-23　角钢角度弯曲有三种形式

打弯曲处，如图 11-24 所示。对退火、正火处理的角钢弯曲可适当快些，未作过处理的角钢，弯曲中要密打弯曲处，以防产生裂纹。

② 角钢弯圆　角钢的弯圆分为角钢边向里弯圆和向外弯圆两种。一般需要一个与弯圆圆弧一致的弯形工具配合弯形，必要时也可采用局部加热来进行弯形。如图 11-25（a）所示为角钢边向里弯圆，首先将角钢 a 处与型胎工具夹紧；然后敲打 b 处使之贴靠型胎工具，并将其夹紧；再均匀敲打 c 处，使 c 处平整。角钢边向外弯圆如图 11-25（b）所示，首先将角钢 a' 处与型胎工具夹紧；然后敲打 b' 处使之贴靠型胎工具，并将其夹紧；再均匀敲打 c' 处，防止 c' 翘起，使 c' 处平整。

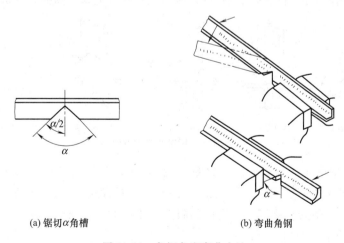

(a) 锯切 α 角槽　　(b) 弯曲角钢

图 11-24　角钢角度弯曲方法

（3）管子的弯曲　管子的弯曲分冷弯和热弯两种。直径在 12mm 以下的管子，一般可采用冷弯方法。直径在 12mm 以上的管子则采用热弯。但弯管的最小弯曲半径必须大于管子直径的 4 倍。

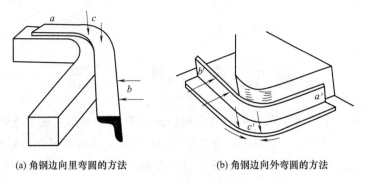

(a) 角钢边向里弯圆的方法　　　　　(b) 角钢边向外弯圆的方法

图 11-25　角钢弯圆的方法

当弯曲的管子直径大于 10mm 时，必须在管内灌满填充材料，如图 11-26 所示，两端用木塞塞紧。对于有焊缝的管子，焊缝必须放在中性层的位置上，以免弯曲时焊缝裂开，如图 11-27 所示。

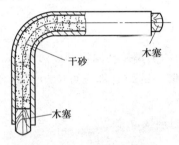

图 11-26　管内灌砂两端塞木塞

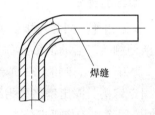

图 11-27　管子弯曲时焊缝位置

较小直径的管子，可用弯管工具进行弯曲。弯管工具由底板、转盘、靠铁、钩子和手柄等组成，转盘圆周上和靠铁侧面上有圆弧槽。圆弧槽按所弯管子的直径而定（最大可制成直径 12mm）。当转盘和靠铁的位置固定后即可使用。工作时，将管子插入转盘和靠铁的圆弧槽中，钩子钩住管子，按所需弯曲位置，扳动手柄，使管子跟随手柄弯到所需角度，如图 11-28 所示。

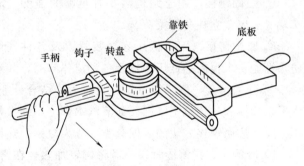

图 11-28　弯管工具

第12章 铆 接

利用铆钉把两个或两个以上的零件或构件连接为一个整体，这种连接方法称为铆接。铆接时，用工具连续锤击或用压力机压缩铆钉杆端，使铆钉杆充满钉孔，形成铆钉头。目前，在很多结构件连接中，铆接虽已逐渐被焊接所代替，但因铆接具有工艺简单、连接可靠、抗震和耐冲击等优点，所以在机器、船舶、飞机、车辆、桥梁和工具制造等领域，仍然占有一席之地。

12.1 铆接概述

12.1.1 铆接的种类

（1）根据构件不同的连接要求分类　铆接可分为活动铆接和固定铆接两种。

① 活动铆接　活动铆接又称为连接铆接，活动铆接的结合部位可以相互转动。如手虎钳、剪刀、内外卡钳、合页和划规等工具的铆接。

② 固定铆接　固定铆接是指结合部位固定不动的铆接。

（2）按用途和工作要求分类　分为如下类型。

① 强固铆接　用于结构需要有足够的强度、能承受强大作用力的铆接，如桥梁、车辆、房屋、立柱和横梁等。

② 紧密铆接　用于低压容器装置以及各种气体、液体管路装置。承受压力较小，防渗性能要求很高的低压容器及各种流体管路，如水箱、油罐、气筒等。

③ 强密铆接　用于能承受巨大压力、结合处非常紧密的高压容器，即使在一定压力下，液体和气体也不渗漏。如蒸汽锅炉、压缩空气罐等。

（3）按照铆接方法的不同分类　分为冷铆、热铆和混合铆三种。

① 冷铆　是指铆接时，不需将铆钉加热，在常温下直接镦出铆合头，应用于直径在 8mm 以下的钢制铆钉。冷铆用的铆钉材料必须具有较好的延展性。

② 热铆　是把整个铆钉加热到一定温度后再铆接，铆钉受热后塑性好，容易成型，冷却后能获得较高的结合强度。热铆时铆钉孔直径应放大，使铆钉在加热膨胀时容易插入。直径大于 8mm 的钢制铆钉大多采用热铆。

③ 混合铆　在采用混合铆接时，只需将铆钉的铆合头端部加热到一定温度再铆接。混合铆适用于比较细长的铆钉，以避免铆接时铆钉杆弯曲。

12.1.2 铆接的形式

铆接时按照构件不同的要求，可分搭接、对接和角接三种形式。

（1）搭接　搭接是把一块钢板搭在另一块钢板上进行铆接，搭接有直边连接和折边连接两种形式，如图 12-1 所示。

（2）对接　对接是将两块钢板置于同一平面，利用盖板铆接，对接有单盖板连接和双盖板连接两种形式，如图12-2所示。

（3）角接　两块钢板互相垂直或组成一定角度的连接，角接又分为单角钢连接和双角钢连接两种形式，如图 12-3 所示。

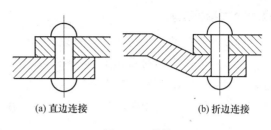

(a) 直边连接　　　　(b) 折边连接

图 12-1　搭接

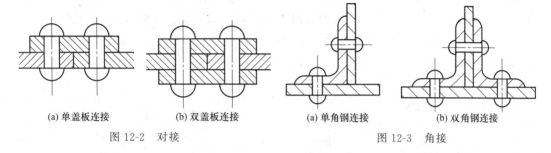

(a) 单盖板连接　　(b) 双盖板连接

图 12-2　对接

(a) 单角钢连接　　(b) 双角钢连接

图 12-3　角接

12.2　铆钉与铆接工具

12.2.1　常用铆钉种类

① 铆钉根据钉头形状的不同，有平头、半圆头、平沉头、半圆沉头、皮带和空心铆钉等，其常用铆钉种类与应用见表12-1。

② 铆钉根据制造材料的不同，又分为钢质、铜质和铝制铆钉等几种。

表 12-1　常用铆钉种类和用途

名称	形状	应　用
平头铆钉		应用广泛，铆接方便，用于一般无特殊要求的铆接
半圆头铆钉		应用十分广泛，铆接方便，多用于强固铆接和紧密铆接
平沉头铆钉		应用广泛，铆接方便，用于零件表面要求平整部位的铆接
半圆沉头铆钉		应用于有防滑要求部位的铆接
皮带铆钉		应用于铆接机床制动带以及橡胶、皮革材料的铆接
空心铆钉		应用于在铆接处有空心要求的部位

12.2.2　铆接工具

铆接时常用的手工铆接工具有以下几种。

（1）手锤　常用的手锤有圆头锤。手锤的大小应根据铆钉直径的大小和材质来选定，一般为 0.5kg 左右的圆头锤。

（2）压紧冲头　当铆钉插入铆钉孔后，用于将铆合板料相互压紧贴合并消除间隙，如图 12-4（a）所示。

（3）罩模和顶模　罩模和顶模工作部分的形状按铆钉的形状而定，一般制成半圆头的凹球面，用于铆接半圆头铆钉。罩模和顶模的工作部分制成后，需淬硬和抛光。罩模是用于铆接时作出完整的铆合头，柄部制成圆柱形，如图 12-4（b）所示。顶模是用于铆接时顶住铆钉头部，进行铆接工作，柄部制成两个平行的平面，可在台虎钳上夹持稳固，铆接方便，如图 12-4（c）所示。罩模和顶模的材料都是用中碳钢或 T8 碳素工具钢等制成。

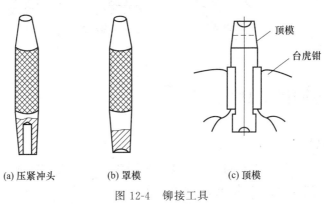

(a) 压紧冲头　　　(b) 罩模　　　(c) 顶模

图 12-4　铆接工具

12.3　铆钉直径与长度的确定和铆接方法

12.3.1　铆钉直径的确定

铆钉直径的大小与被连接板料的厚度有关，铆钉直径一般取板厚的 1.8 倍。铆钉直径与连接板料厚度的关系见表 12-2。

表 12-2　铆钉直径与连接板料厚度的关系　　　　　　　　　　　　　mm

板厚 δ	5～6	7～9	10～12	13～18	19～24	＞25
铆钉直径 d	10～12	14～20	20～22	24～28	28～30	30～36

板厚 δ 按下列原则确定：

① 板材与板材搭接时，如两板厚相近，取较厚板材的厚度。

② 板材厚度相差太大时，取较薄板材厚度。

③ 板材与型材铆接时，取两者的平均厚度。

铆钉直径可以在计算后查表进行圆整处理。

12.3.2　铆钉孔直径的确定

铆接时钉孔直径的大小，应根据连接的要求不同有所变化。钉孔直径过小，铆钉插入困难；钉孔直径过大，铆合后工件容易松动，致使铆钉杆弯曲、墩头成形不合要求。无特殊要求，铆钉直径取 1.8 倍连接板的厚度。也可查表选取，见表 12-3。

表 12-3　钉孔直径的选取　　　　　　　　　　　　　　mm

铆钉直径 d		2.0	2.5	3.0	3.5	4.0	5.0	6.0	8.0	10	12	14	16
钻孔直径	精装配	2.1	2.6	3.1	3.6	4.1	5.2	6.2	8.2	10.3	12.4	14.5	16.5
	粗装配	2.2	2.7	3.4	3.9	4.5	5.6	6.6	8.6	11	13	15	17

12.3.3　铆钉长度的确定

铆钉长度对铆接质量有较大的影响。铆接时铆钉所需长度，除了铆接件的总厚度外，还需保留足够的伸出长度，以用来铆合出完整的铆合头，从而获得足够的铆合强度。铆钉杆长度可用下列方法计算。

① 半圆头铆钉长度为

$$L = \sum \delta + (1.25 \sim 1.5)d \tag{12-1}$$

② 沉头铆钉长度为

$$L = \sum \delta + (0.8 \sim 1.2)d \tag{12-2}$$

式中　L——铆钉长度，mm；

　　　$\sum \delta$——被铆接材料总厚度，mm；

　　　d——铆钉直径，mm。

12.3.4　铆钉间距的要求

根据工件结构和铆接工艺的要求，铆接时对铆心距和铆边距有一定的要求。

（1）铆心距　铆接时两铆钉中心线间的距离。铆心距不小于 3 倍的铆钉直径。

（2）铆边距　铆接时铆钉中心线离材料边缘的距离。若铆钉孔为钻孔制成，铆边距约为 1.5 倍的铆钉直径；若铆钉孔为冲孔制成，铆边距约为 2.5 倍的铆钉直径。

12.3.5　手工铆接方法

钳工工作范围内的铆接一般多为手工冷铆操作。下面介绍半圆头铆钉铆接工序、沉头铆钉铆接工序和空心铆钉铆接步骤。

（1）半圆头铆钉铆接步骤　如图 12-5 所示。

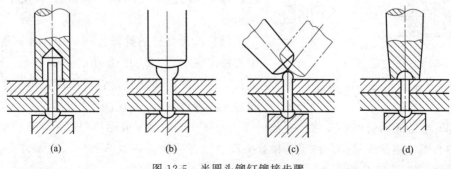

图 12-5　半圆头铆钉铆接步骤

① 划线，板料配合夹紧钻通孔，两面孔口倒角去毛刺。铆钉插入孔内，用压紧冲头把被铆接件压紧贴实，如图 12-5（a）所示。

② 用锤子锤打铆钉伸出部分使其镦粗，如图 12-5（b）所示。

③ 用锤子适当倾斜着均匀锤打周边，初步形成铆钉头，如图 12-5（c）所示。

④ 用罩模铆打成形，不时地转动罩模，垂直锤打，如图 12-5（d）所示。

（2）沉头铆钉铆接步骤　如图 12-6 所示。

沉头铆钉铆接分为两种，一种是用现成的沉头铆钉进行铆接，另一种是用圆钢作铆钉进行铆接。下面介绍用圆钢作为铆钉进行的铆接工序。

① 划线，板料配合夹紧钻孔，孔口锪 90°锥孔，插入圆钢，注意两端伸出部分应足够充满锥孔。

② 用手锤镦粗两端伸出部分并充满锥孔。

③ 先铆平一面。

④ 再铆平另一面，修平钉头高出部分。

（3）空心铆钉铆接步骤　如图 12-7 所示。

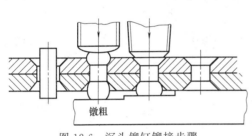

图 12-6　沉头铆钉铆接步骤

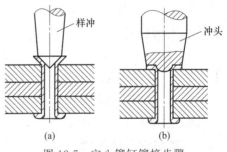

图 12-7　空心铆钉铆接步骤

① 划线，板料配合夹紧钻通孔，孔口倒角去毛刺，铆钉插入孔内，用锤子打样冲镦压翻边，如图 12-7（a）所示。

② 用圆凸冲头镦压成形，如图 12-7（b）所示。

12.3.6　铆钉的拆卸方法

要拆卸铆接件，只有先毁坏铆钉的铆合头，然后用工具把铆钉从孔中冲出。对较粗糙的铆接件，可直接用錾子把铆合头錾去，再用工具把铆钉冲出。当铆合件表面不允许受到损伤时，可用钻孔方法卸载，具体操作如图 12-8 所示。

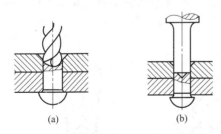

图 12-8　沉头铆钉的拆卸

（1）沉头铆钉的拆卸过程　用样冲在铆钉头中心冲出中心眼；用比铆钉直径小 1mm 的钻头钻孔，钻孔深度略超过铆钉头高度；用小于孔径的冲头将铆钉冲出，如图 12-8 所示。

（2）半圆头铆钉的拆卸过程　把铆钉头的顶部略微敲平或用锉刀锉平，然后用样冲冲出中心眼；用钻头钻孔，深度为铆合头高度；然后用冲棒放入孔中，将铆钉头折断，冲出铆钉，如图 12-9 所示。

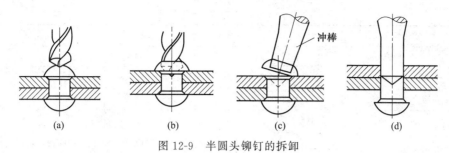

图 12-9 半圆头铆钉的拆卸

12.4 铆接质量分析

铆接时，如果铆钉直径、长度、通孔直径等选择不当，或在操作过程中，某些操作未能达到要求，就会影响铆接质量，造成铆接废品，带来损失。常见的铆接质量问题见表 12-4。

表 12-4 铆接质量分析

序号	质量情况	图示	产生原因	防止措施
1	铆钉偏移或钉杆歪斜		铆接时铆钉枪未放垂直；压力过大，使钉杆弯曲；钉孔倾斜	铆钉枪与钉杆应在同一中心线上；开始铆接时风门小，然后大，钻、铰或冲孔时刀具与板面垂直
2	铆钉头四周未与板件表面密合		孔径过小或者钉杆有毛刺；风压不足；顶钉力不够或者未顶严	铆接前先检查孔径；穿钉前先清除钉杆毛刺和氧化皮；气压不足应停止铆接
3	铆钉头局部未与板件表面密合		罩模偏移；钉杆长度不够	铆钉枪应保持垂直；计算好铆钉杆长度
4	板件结合面被铆钉胀开		装配时螺栓未紧固或过早地拆卸螺栓；孔径过小；板件间相互贴合不严	铆接前检查板件是否贴合；孔径大小是否合适；拧紧螺母，待铆接后，再拆除螺栓
5	铆钉形成突头及磕伤板料		铆钉枪放置不垂直；钉杆长度不足；罩模直径过大	铆接时铆钉枪与板件垂直；计算钉杆长度；更换罩模
6	铆钉杆在钉孔内弯曲		铆钉与钉孔的间隙过大	选用适当的铆钉；开始铆接时，小开风门

序号	质量情况	图示	产生原因	防止措施
7	铆钉头有裂纹	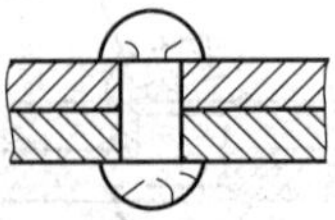	铆钉材料塑性不好	检查铆钉材质,试验铆钉塑性
8	铆钉头周围有帽缘	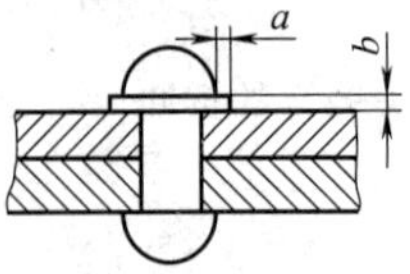	钉杆太长;罩模直径太小;铆接时间过长	正确选择钉杆长度;更换罩模;减少过多的打击
9	铆钉头过小高度不够	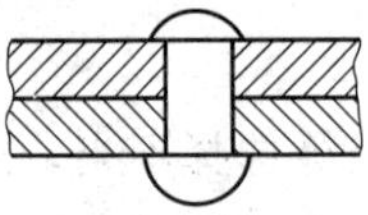	钉杆较短或孔径过大;罩模直径过大	加长钉杆;更换罩模
10	铆钉头上有伤痕	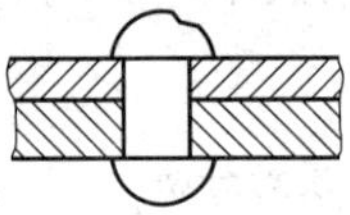	罩模击在铆钉头上	铆接时紧握铆钉枪,防止跳动太高

第 13 章　装　　配

13.1　装配的基本知识

在生产过程中，按照规定的精度标准和技术要求，将若干个零件组合成部件或将若干个零件组合成最终的产品的工艺过程，称为装配。

装配过程一般可分为组件装配、部件装配和总装配。一台复杂的机器往往是先以某一个零件为基准零件，将若干个其他零件装在一起构成"组件"，然后将几个组件和零件装在另一个基准零件上构成"部件"，最后将几个部件、组件和零件一起装在产品的基准零件上所构成的。

13.1.1　装配工作的重要性

装配工作，是产品制造过程中的最后一道工序，装配质量的好坏，对整个产品的质量起着决定性的作用。包括各种装配的准备工作，部装、总装、调整、检测和试机等工作。通过装配才能形成最终的产品，并保证它具有规定的精度及设计所定的使用功能以及质量要求。如果装配不当，不重视清理工作，不按工艺技术要求进行，即使所有零件加工质量都合格，也不一定能够装配出合格的、优质的产品。这种装配质量较差的产品，精度低、性能差、功耗大、寿命短。相反，虽然某些零部件的质量并不很高，但经过仔细地修配和精确地调整后，仍能装配出性能良好的产品。

13.1.2　装配工艺过程

装配工作是一项非常重要而又细致的工作，应该认真按照产品装配图，制定出合理的装配工艺规程，积极采用新的装配工艺，以提高装配精度。达到效率高、质量好和费用少的要求。

产品的装配工艺过程一般由四个部分组成。

(1) 装配前的准备工作

① 熟悉产品装配图及有关技术文件，了解产品的结构、零件的作用以及相互的连接关系，并对装配零部件配套的品种以及数量加以检查。

② 确定装配的方法、顺序和准备所需的工具。

③ 对装配零件进行清理和洗涤，去掉零件上的毛刺、锈蚀、切屑、油污及其他脏物。检查零件加工质量。

④ 对有些零部件还需进行修配工作，有的要进行平衡试验、渗透试验和气密性试验等。

(2) 装配工作　比较复杂产品的装配工作应分为部装和总装两个过程。

① 部装是指产品进行总装以前的装配工作，凡是将两个以上的零件组合在一起或

将零件与几个组件结合在一起，成为一个装配单元的工作，都可以称为部装。把产品划分成若干装配单元是缩短装配周期的基本措施。

② 总装是把零件和部件装配成最终产品的过程。产品的总装通常是在工厂的装配车间内进行。但在重型、大型机床的总装时，产品在制造厂内只进行部装工作，而在产品安装的现场进行总装工作。

（3）调整、检验和试运转

① 调整工作是指调节零件或机构的相互位置、配合间隙、结合面的松紧等，使机构或机器工作协调。

② 精度检测包括工作精度检测、几何精度检验等。

③ 试机包括机构或机器运转的灵活性、工作升温、密封、振动、噪声、转速、功率和效率等方面的检查。

（4）喷漆、涂油　喷漆是为了防止非加工面的生锈，并可使机器外表美观；涂油可防止工作表面及零件已加工表面生锈。

13.1.3　装配方法

为了保证机器的工作性能和精度，在装配中必须达到零、部件相互配合的规定要求，一般可采用如下四种装配方法。

（1）互换装配法　在装配时各配合零件不经修配、选择或调整即可达到装配精度的装配方法，称为互换装配法。按互换装配法进行装配时装配精度由零件制造精度保证。这种方法对于零件的加工精度要求较高，制造费用将随之增大。因此，采用这种装配方法适用于组成件较少、精度要求不高或大批量生产中。

（2）选配法　选配法是将零件的制造公差适当放宽，然后选取其中尺寸相当的零件进行装配，以达到配合要求。选配法又可分为直接选配法和分组选配法两种。

① 直接选配法是指由装配工人直接从一批零件中选择"合适"的零件进行装配。这种方法比较简单，零件不必事先分组。但装配中挑选零件的时间长，装配质量取决于装配工人的技术水平，不宜用于节拍要求较严的大批量生产。

② 分组配选法是将一批零件逐一检测后，按实际尺寸的大小分成若干组，然后将尺寸大的包容件（如孔）与尺寸大的被包容件（如轴）相配；将尺寸小的包容件与尺寸小的被包容件相配。这种装配法的配合精度取决于分组数，增加分组数可以提高装配精度。

（3）调整装配法　在装配时改变产品中可调整零件的相对位置或选用合适的调整件以达到装配精度的方法，称为调整装配法。

（4）修配装配法　在装配时修去指定零件上预留的修配量，以达到装配精度的方法，称为修配装配法。

13.1.4　装配工作的重点和调试

要保证产品的装配质量，主要是应按照规定的装配技术要求去装配。不同的产品其装配技术要求虽不尽相同，但在装配过程中有以下几点是必须遵守的：

① 做好工件的清理和清洗工作；

② 做好润滑工作；

③ 相配零件的配合尺寸要准确；

④ 边装配边检查；

⑤ 试车时的车前检查和启动过程的监视。

13.2　螺纹连接的装配

螺纹连接是一种可拆的固定连接，具有结构简单、连接可靠、装拆方便、成本低廉等优点，因而在机械制造中得到普遍应用。

（1）拧紧力矩的确定　为了达到连接紧固、可靠的目的，连接时必须施加拧紧力矩，使螺纹副产生预紧力，从而使螺纹副具有一定的摩擦力矩。

（2）控制螺纹预紧力　控制螺纹预紧力的方法有：测量螺栓的伸长量、扭角法和利用专门的工具。

（3）防松装置　连接用的螺纹一般都有自锁能力，但在受到冲击、振动或变载荷作用下，以及温度变化较大的场合，很容易发生松脱，为了确保连接可靠，必须采取有效的防松措施。螺纹的防松装置，按其工作原理可分为利用附加摩擦力防松、机械法防松和铆冲防松。附加摩擦力防松装置如图 13-1 所示；机械法防松如图 13-2 所示；铆冲防松如图 13-3 所示。

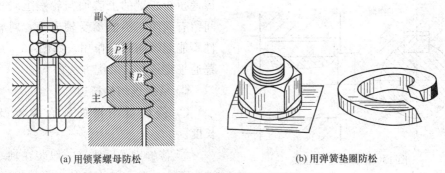

(a) 用锁紧螺母防松　　　　　　　　(b) 用弹簧垫圈防松

图 13-1　附加摩擦力防松装置

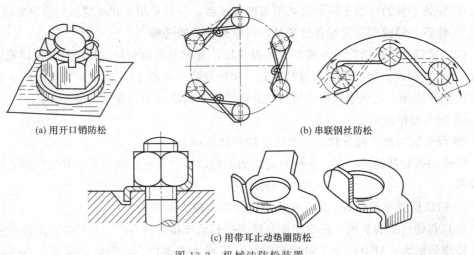

(a) 用开口销防松　　　　　　　　(b) 串联钢丝防松

(c) 用带耳止动垫圈防松

图 13-2　机械法防松装置

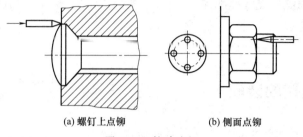

(a) 螺钉上点铆　　　　　　(b) 侧面点铆

图 13-3　铆冲防松

13.3　键连接的装配

键是用来连接轴和轴上零件的，使它们在周向固定以传递转矩；有的键也可以实现零件的轴向固定或轴向滑动。键是标准件，常用的材料是 45 钢，由专门工厂生产。它具有结构简单、工作可靠、装拆方便等优点，因此在机械行业中得到广泛应用。

根据装配时的松紧状态不同，键连接可分为松键连接、紧键连接和花键连接。松键连接有普通平键、导向平键和半圆键；紧键连接有楔键连接和切向键连接。

（1）松键连接的装配　普通平键两侧面是工作面，工作时，靠键与键槽侧面的挤压

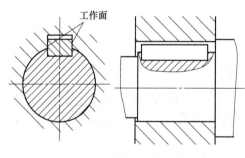

图 13-4　普通平键连接

传递扭矩。键的上表面与轮毂上键槽底面间留有间隙。不能承受轴向力，对轴上零件不能起轴向固定作用，如图 13-4 所示为普通平键连接。装配方法如下。

① 清除键槽的棱边。

② 修配键与槽的配合精度及键的长度。

③ 修锉键的圆头（一般装在轴端部的键为平头，装在轴中间的为半圆头）。

④ 安装于轴的键槽中间的键必须与槽底接触，一般采用虎钳夹紧或敲击等方法。

⑤ 轮毂上的键槽与键配合过紧时，可修整轮毂的键槽。

（2）紧键连接的装配　楔键即为紧键连接，键的上表面和与它相接触的轮槽底面均有 1∶100 的斜度，键的侧面与键槽间有一定的间隙，如图 13-5 所示。装配时将键打入而构成紧键连接。紧键连接能传递扭矩并能承受单向轴向力。楔键的装配方法如下。

① 清除键槽棱边。

② 修配键与槽的配合精度，然后把轮毂套在轴上。

③使轴与轮毂键槽对正，在楔键的斜面涂色以检查斜度正确与否，并使接触长度符合要求。

④ 清洗楔键及键槽等，最后把楔键上油后，敲入键槽中。

（3）花键连接的装配　花键连接有静连接和动连接两种方式。它的特点是轴的强度高，传递转矩大，对中性及导向性都很好，但制造成本较高，因此广泛用于机床、汽

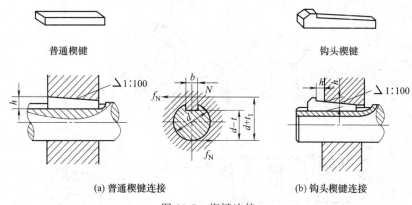

(a) 普通楔键连接   (b) 钩头楔键连接

图 13-5 楔键连接

车、飞机等制造业中。

花键按齿廓形状可分为矩形花键、渐开线花键、三角形花键三种，其中矩形花键用得最广泛，其结构形状如图 13-6 所示。花键三要素为：大径、小径和键宽。花键的定心方式有大径定心、小径定心和齿侧定心三种。国家标准规定采用精度高、质量好的小径定心方式。矩形花键的配合包括定心直径、非定心直径和键宽配合，根据精度要求和松紧来确定。

花键连接的装配要求如下。

① 固定连接的花键。当过盈量较小时可用铜锤轻轻打入。对于过盈量较大的连接，可将套件加热至 $80\sim100\text{℃}$ 后进行装配。

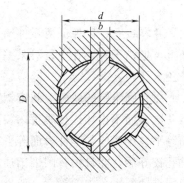

图 13-6 矩形花键连接的结构状况

② 滑动连接的花键。花键轴与花键孔多为滑动配合，故属于滑键形式。在装配前必须清理花键轴和孔上凸起处的毛刺和棱边，以防装配时产生拉毛、咬住现象，最后根据涂色的情况修正它们之间的配合，直到花键孔在轴上能够自由滑动为止。

13.4 销连接的装配

销是标准件，销连接是用销把机件连接在一起，使连接件之间不能互相转动或移动。销连接可以起到定位、连接、传递横向力或转矩和安全装置中的过载切断零件，如图 13-7 所示。常用的销有圆柱销、圆锥销。销的材料一般采用 Q235、35 钢和 45 钢。圆锥销靠微量过盈固定在销孔中，不宜经常装拆，否则会降低定位精度和连接的可靠性，圆锥销有 1∶50 锥度，其小端直径为标准值。圆锥销易于安装，有可靠的自锁性能，定位精度高于圆柱销，且在同一销孔中经过多次装拆不会影响定位精度和连接的可靠性，所以应用较为广泛。圆柱销和圆锥销的销孔均需铰制。

（1）圆柱销的装配 圆柱销靠配合时的微量过盈，不宜多次拆装。为保证圆柱销与销孔的过盈量，圆柱销和销孔的表面粗糙度要小，一般情况下两零件的销孔应同时钻

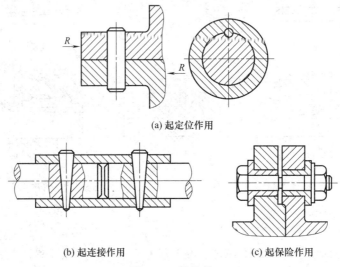

(a) 起定位作用

(b) 起连接作用　　　　　　(c) 起保险作用

图 13-7　销连接

出，并经铰孔，以保证两零件销孔同轴。装配时，在销子上涂油，用铜棒垫在圆柱销端面上，把销子打入孔中。对某些定位销，不能用打入法，可用 C 形夹头或压力机把销子压入孔内。

（2）圆锥销的装配　圆锥销大部分是定位销。其优点是装拆方便，可在一个孔内装拆几次，而不损坏连接质量。装配后，销子的大端应稍露出零件的表面，或与零件的表面等平；小头应与零件表面等平或缩进一些。装配时，被连接的两孔也应同时铰出，圆锥孔铰好后，能自由将圆锥销插入孔内 80%～85% 的长度为宜，则能获得正常的过盈，而圆锥销装入孔中的深度一般也比较适当。有时为了便于取出销子，可采用带螺纹的圆锥销。

13.5　过盈连接的装配

（1）过盈连接的概念　过盈连接是依靠包容件（孔）和被包容件（轴）配合后的过盈值达到紧固连接的目的。

装配后，轴的直径被压缩，孔的直径被胀大。工作时依靠此压力产生摩擦力来传递转矩和轴向力。过盈连接的对中性好，承载能力强，并能承受一定的冲击力，但配合面的加工要求高。

（2）过盈连接的装配要点

① 装配前，应对工件进行清理，并将配合表面用油润滑，以防装配时擦伤表面。

② 压入过程应保持连续，速度不宜过快。

③ 压合时应经常用角尺检查，以保证孔与轴的中心线一致。

④ 对于细长的薄壁零件，要特别注意检查其形状偏差，装配时最好垂直压入。

（3）常用的装配方法　常用的装配方法有：压入配合法、热胀法、冷缩法等。压入方法及设备如图 13-8 所示。

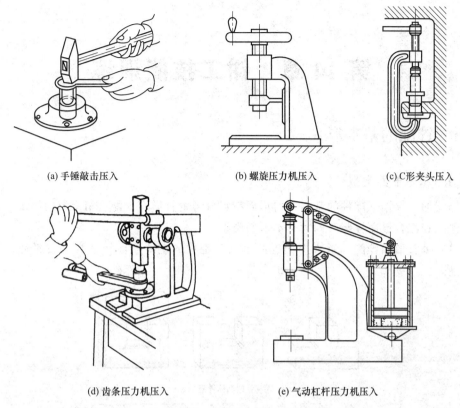

(a) 手锤敲击压入   (b) 螺旋压力机压入   (c) C形夹头压入

(d) 齿条压力机压入   (e) 气动杠杆压力机压入

图 13-8 压入方法及设备

第 14 章　钳工技能训练

14.1　锉配的基本形式

14.1.1　基本形面类型

锉配加工根据互配件的基本几何形面特点分为垂直形面锉配、角度形面锉配、圆弧形面锉配和综合形面锉配等四大基本形面类型。

（1）垂直形面锉配　垂直形面锉配是指互配件的主要形面特征为垂直平面，如图14-1所示。

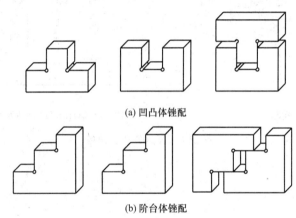

(a) 凹凸体锉配

(b) 阶台体锉配

图 14-1　垂直形面锉配

（2）角度形面锉配　角度形面锉配是指互配件的主要形面特征为角度平面，如图14-2所示。

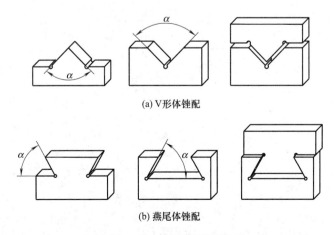

(a) V形体锉配

(b) 燕尾体锉配

图 14-2　角度形面锉配

（3）圆弧形面锉配　圆弧形面锉配是指互配件的主要形面特征为圆弧平面，如图 14-3所示。

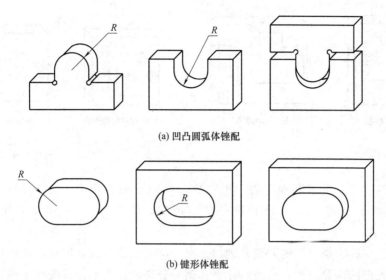

(a) 凹凸圆弧体锉配

(b) 键形体锉配

图 14-3　圆弧形面锉配

（4）综合形面锉配　综合形面锉配是指互配件的形面特征为各基本形面的组合，如图 14-4 所示。

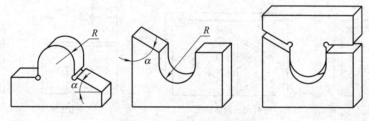

图 14-4　综合形面锉配

14.1.2　基本配合形式

锉配加工根据互配件相互配入的形式特点分为开口锉配、半封闭锉配、封闭锉配、多件锉配、盲配、对称形体锉配、非对称形体锉配和旋转体锉配等八种基本配合形式。

（1）开口锉配　将互配件在开放面内作面对面配入的一种锉配形式称为开口锉配。如图 14-5 所示的单燕尾体锉配、凸凹体锉配等。

（2）半封闭锉配　将锉配件在半封闭面内作轴向配入的一种锉配形式称为半封闭锉配。其特点是腔大口小。如图 14-6 所示的燕尾体锉配、T 形体锉配等。

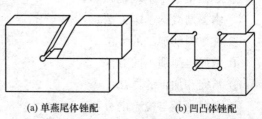

(a) 单燕尾体锉配　　　　(b) 凹凸体锉配

图 14-5　开口锉配

（3）封闭锉配　将锉配件在封闭面内作轴向配入的一种锉配形式称为封闭锉配。如图 14-7 所示的四方体锉配、键形体锉配等。

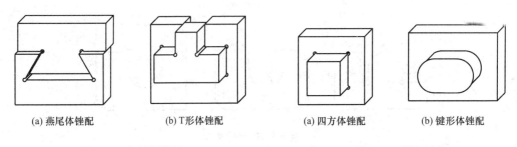

| (a) 燕尾体锉配 | (b) T形体锉配 | (a) 四方体锉配 | (b) 键形体锉配 |

图 14-6　半封闭锉配　　　　　　　　　　图 14-7　封闭锉配

（4）多件锉配　将多个锉配件（3 件及以上）互相组合在一起的锉配形式称为多件锉配。如图 14-8（a）所示开口三角体锉配，图 14-8（b）所示封闭三角体锉配等。

（5）盲配　在一个工件的两端分别加工出开口对配的凸件和凹件，然后在工件的中间锯出一定长度的锯缝，只在检测时才将其锯断分离，这种不能试配加工的锉配形式称为盲配（盲配主要用于锉配练习和竞赛）。如图 14-9（a）所示凸凹体盲配、如图 14-9（b）所示工形体盲配等。

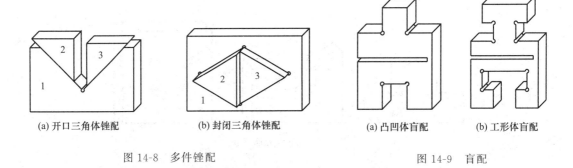

| (a) 开口三角体锉配 | (b) 封闭三角体锉配 | (a) 凸凹体盲配 | (b) 工形体盲配 |

图 14-8　多件锉配　　　　　　　　　　　图 14-9　盲配

14.2　斜滑块的制作

（1）目的要求

① 掌握钳工基本理论知识。

② 掌握划线的基本方法。

③ 掌握锯削加工的方法。

④ 掌握锉削加工的方法。

⑤ 掌握孔加工的方法。

⑥ 掌握测量与检验的方法。

⑦ 掌握正确的加工步骤。

（2）试件图

名称：斜滑块，材料：45 钢，如图 14-10 所示。

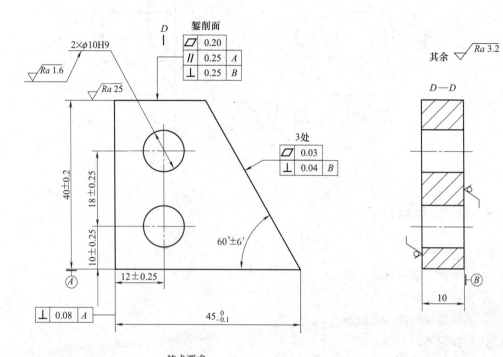

技术要求：
1.工件去毛刺，孔口倒角0.5×45°。
2.工件两大平面不得有划痕。

图 14-10　斜滑块

14.3　六角螺母的制作

（1）目的要求

① 掌握钳工基本理论知识。

② 掌握划线的基本方法。

③ 掌握锯削加工的方法。

④ 掌握锉削加工的方法。

⑤ 掌握孔加工的方法。

⑥ 掌握攻螺纹的方法。

⑦ 掌握测量与检验的方法。

⑧ 掌握正确的加工步骤。

（2）试件图

名称：六角螺母，材料：45 钢，如图 14-11 所示。

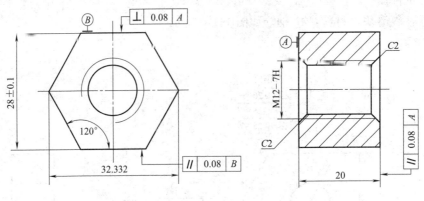

图 14-11 六角螺母

14.4 手锤的制作

（1）目的要求

① 掌握钳工基本理论知识。

② 掌握划线的基本方法。

③ 掌握錾削的加工方法。

④ 掌握锯削加工的方法。

⑤ 掌握锉削加工的方法。

⑥ 掌握孔加工的方法。

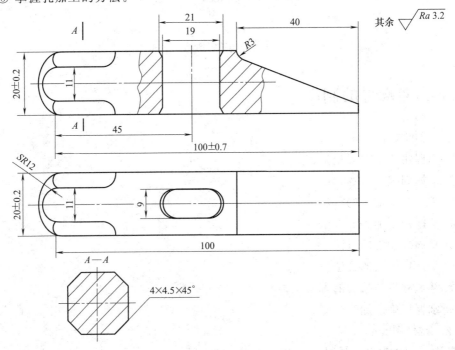

图 14-12 手锤

⑦ 掌握测量与检验的方法。

⑧ 掌握正确的加工步骤。

（2）试件图

名称：手锤，材料：45 钢，如图 14-12 所示。

14.5 多角样板的制作

（1）目的要求

① 掌握钳工基本理论知识。

② 掌握划线的基本方法。

③ 掌握锯削加工的方法。

④ 掌握锉削加工的方法。

⑤ 掌握孔加工的方法。

⑥ 掌握测量与检验的方法。

⑦ 掌握正确的加工步骤。

（2）试件图

名称：多角样板，材料：45 钢，如图 14-13 所示。

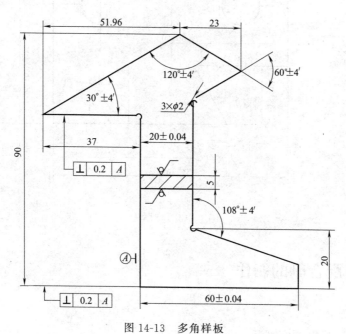

图 14-13 多角样板

14.6 燕尾板的制作

（1）目的要求

① 掌握钳工基本理论知识。

② 掌握划线的基本方法。

③ 掌握锯削加工的方法。

④ 掌握锉削加工的方法。

⑤ 掌握孔加工的方法。

⑥ 掌握测量与检验的方法。

⑦ 掌握正确的加工步骤。

（2）试件图

名称：燕尾板，材料：Q235，如图 14-14 所示。

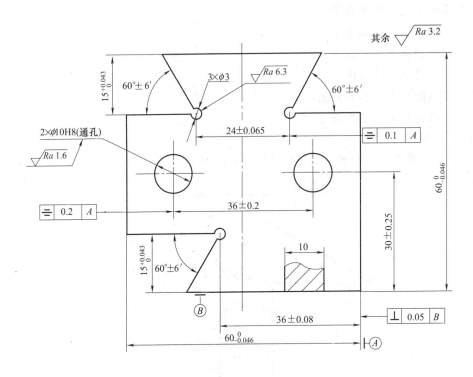

图 14-14 燕尾板

14.7 单斜配合副的制作

（1）目的要求

① 掌握钳工基本理论知识。

② 掌握划线的基本方法。

③ 掌握锯削加工的方法。

④ 掌握锉削加工的方法。

⑤ 掌握孔加工的方法。

⑥ 掌握测量与检验的方法。

⑦ 掌握正确的加工步骤。

（2）试件图

名称：单斜配合副，材料：Q235，如图 14-15 所示。

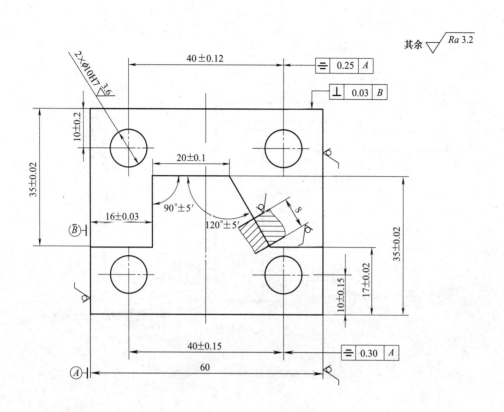

图 14-15　单斜配合副

14.8　刀口直角尺的制作

（1）目的要求

① 掌握钳工基本理论知识。

② 掌握划线的基本方法。

③ 掌握锯削加工的方法。

④ 掌握锉削加工的方法。

⑤ 掌握孔加工的方法。

⑥ 掌握测量与检验的方法。

⑦ 掌握正确的加工步骤。

（2）试件图

名称：刀口直角尺，材料：45 钢，如图 14-16 所示。

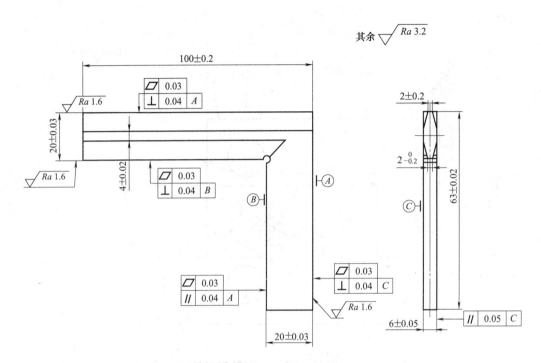

图 14-16 刀口直角尺

14.9 点检锤的制作

（1）目的要求

① 掌握钳工基本理论知识。

② 掌握划线的基本方法。

③ 掌握锯削加工的方法。

④ 掌握锉削加工的方法。

⑤ 掌握孔加工的方法。

⑥ 掌握测量与检验的方法。

⑦ 掌握正确的加工步骤。

（2）试件图

名称：点检锤，材料：45 钢，如图 14-17 所示。

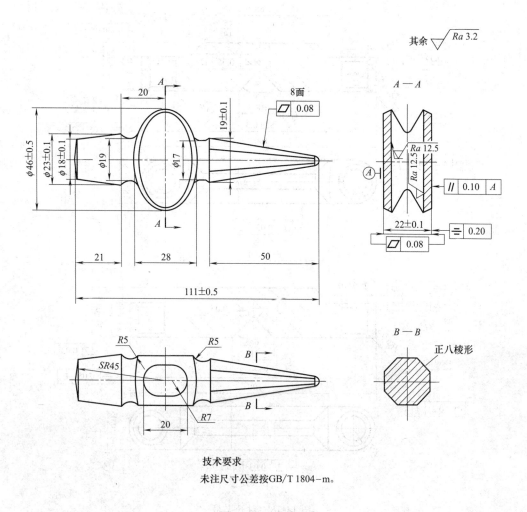

技术要求

未注尺寸公差按 GB/T 1804-m。

图 14-17　点检锤

14.10　对开夹板的制作

（1）目的要求

① 掌握钳工基本理论知识。

② 掌握划线的基本方法。

③ 掌握锯削加工的方法。

④ 掌握锉削加工的方法。

⑤ 掌握孔与螺纹的加工方法。

⑥ 掌握测量与检验的方法。

⑦ 掌握正确的加工步骤。

（2）试件图

名称：对开夹板，材料：45 钢，件数：一幅（2 件），如图 14-18 所示。

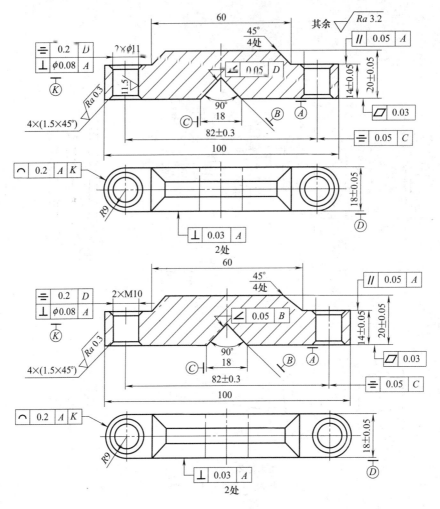

图 14-18　对开夹板

14.11　凸凹配的制作

（1）目的要求

① 掌握钳工基本理论知识。

② 掌握划线的基本方法。

③ 掌握锯削加工的方法。

④ 掌握锉削加工的方法。

⑤ 掌握孔加工的方法。

⑥ 掌握测量与检验的方法。

⑦ 掌握正确的加工步骤。

（2）试件图

名称：凸凹配，材料：45 钢，如图 14-19 所示。

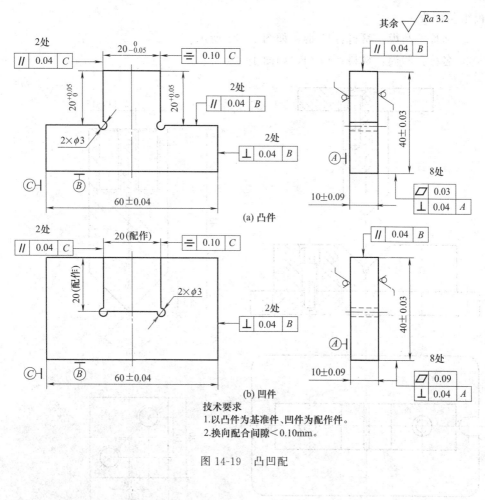

图 14-19　凸凹配

14.12　简易弯曲模的制作

（1）目的要求

① 掌握钳工基本理论知识。

② 掌握划线的基本方法。

③ 掌握锯削加工的方法。

④ 掌握錾削加工的方法。

⑤ 掌握锉削加工的方法。

⑥ 掌握孔加工的方法。

⑦ 掌握螺纹加工的方法。

⑧ 掌握测量与检验的方法。

⑨ 掌握正确的加工步骤。

⑩ 掌握装配的方法。

（2）试件图

① 名称：简易弯曲模，装配图如图 14-20 所示。由凸模、凹模、上模座板和下模

座板组装而成。

　② 名称，凸模，材料：45钢，如图14-21所示。

　③ 名称：凹模，材料：45钢，如图14-22所示。

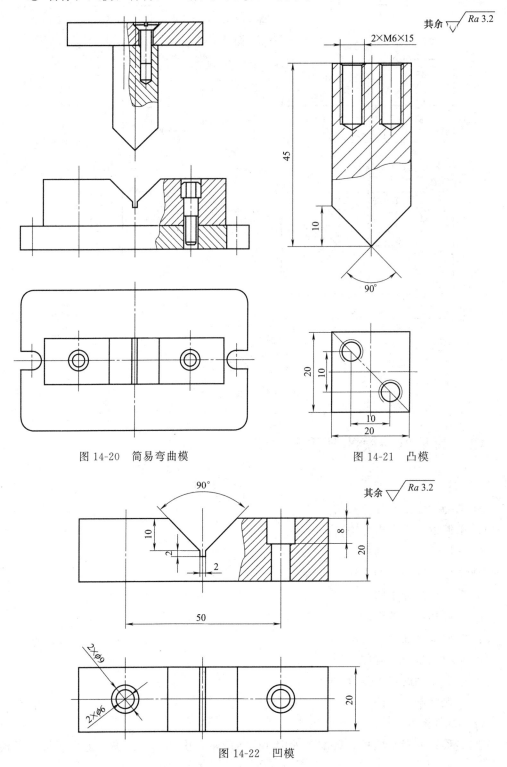

图 14-20　简易弯曲模

图 14-21　凸模

图 14-22　凹模

④ 名称：上模座板，材料：45 钢，如图 14-23 所示。

⑤ 名称：下模座板，材料：45 钢，如图 14-24 所示。

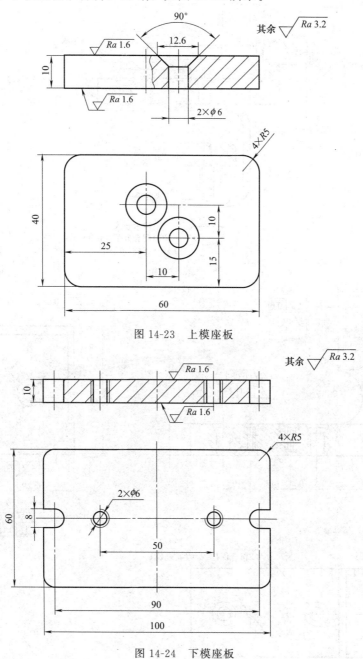

图 14-23 上模座板

图 14-24 下模座板

14.13 32mm 桌虎钳制作练习

（1）实训内容 本实训工件为 32mm 桌虎钳，其图样如图 14-25 所示，根据要求进行 32mm 桌虎钳制作练习。

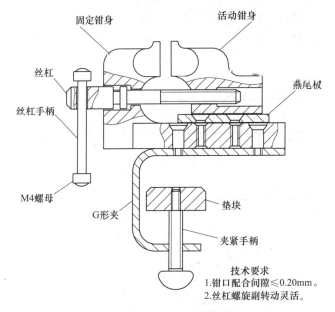

技术要求

1. 钳口配合间隙≤0.20mm。
2. 丝杠螺旋副转动灵活。

(a) 装配图

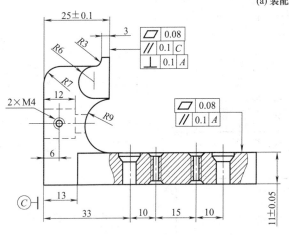

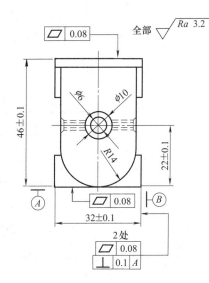

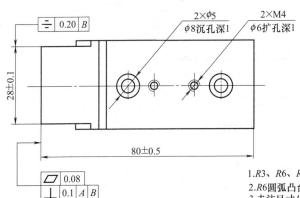

技术要求

1. R3、R6、R7、R14内外圆弧面线轮廓度≤0.1mm。
2. R6圆弧凸台和R14圆弧面作清根处理。
3. 未注尺寸公差按GB/T 1804-m。

(b) 固定钳身

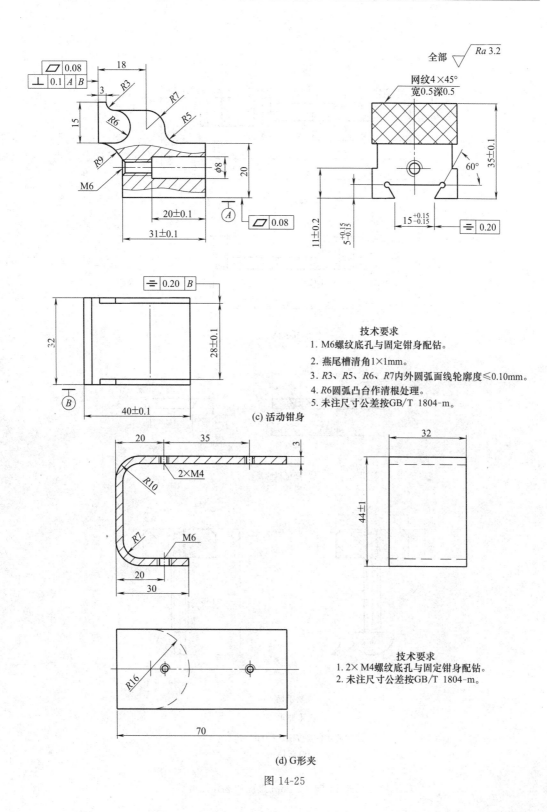

技术要求
1. M6螺纹底孔与固定钳身配钻。
2. 燕尾槽清角1×1mm。
3. R3、R5、R6、R7内外圆弧面线轮廓度≤0.10mm。
4. R6圆弧凸台作清根处理。
5. 未注尺寸公差按GB/T 1804-m。

(c) 活动钳身

技术要求
1. 2×M4螺纹底孔与固定钳身配钻。
2. 未注尺寸公差按GB/T 1804-m。

(d) G形夹

图 14-25

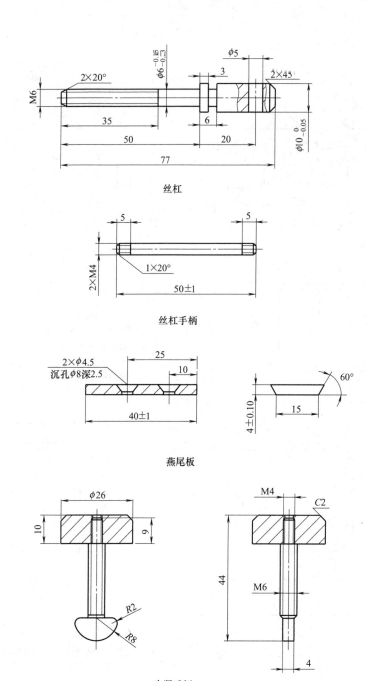

丝杠

丝杠手柄

燕尾板

夹紧手柄

技术要求

未注尺寸公差按GB/T 1804-m。

(e) 配件

图 14-25 32mm 桌虎钳制作

（2）材料准备与课时要求

工 件 名 称	材　料	毛坯尺寸/mm	件　　数	课时（节）
固定钳身	HT200	85×38×52	1	
活动钳身			1	
G 形夹	Q235 钢板	40	1	
丝杠	45 圆钢	车制毛坯 $\phi10\times80$	1	78
燕尾板	Q235 钢板	40×20×5	1	
夹紧手柄	Q235	用 M6×40 螺栓改制	1	
丝杠手柄	Q235 钢丝	$\phi4\times50$	1	

（3）工、量、辅具准备

① 工具：14″粗齿平锉 1 把、12″中齿平锉 1 把、10″中齿圆锉 1 把、10″细齿平锉 1 把、8″双细齿平锉 1 把、8″粗齿圆锉 1 把、8″细齿圆锉 1 把、6″粗齿圆锉 1 把、6″细齿圆锉 1 把、整形锉 1 套、划针、划规、样冲、小手锤、手用锯弓 1 把、扁錾 1 把、手锤 1 把。

② 量具：钢直尺、游标卡尺、高度游标卡尺、刀形样板平尺、塞尺、R1～6.5mm 半径样板、R7～14.5mm 半径样板。

③ 辅具：毛刷、紫色水、红丹油、铜丝刷、粉笔、砂布。

（4）练习步骤

① 根据图样检查工件坯料尺寸。

② 将钳身毛坯经錾削、锉削加工至 80mm×32mm×52mm。

③ 按图样划出固定钳身、活动钳身分离加工线。

④ 钻 $\phi18$mm 孔后锯削分离钳身。

⑤ 固定钳身形面加工。

⑥ 活动钳身形面加工。

⑦ 燕尾板加工。

⑧ 燕尾槽锉配加工。

⑨ G 形夹弯形加工。

⑩ 固定钳身钻孔加工。

⑪ 活动钳身钻孔加工。

⑫ 活动钳身与 G 形夹配钻孔加工。

⑬ 固定钳身、活动钳身、G 形夹、垫块内螺纹加工。

⑭ 丝杠、丝杠手柄、G 形夹手柄外螺纹加工。

⑮ 丝杠手柄铆接加工。

⑯ 两钳口面网纹加工。

⑰ 装配并作适当修整加工。

⑱ 对固定钳身、活动钳身形面和其他零件作光整加工。

⑲ 交件待验。

（5）成绩评定　成绩评定如表 14-1 所示。

表 14-1　桌虎钳制作成绩评定表

序号	项目及技术要求	配分	评 定 方 法	实测记录	得分
	固定钳身				
1	(46、32、28、25、22)mm±0.1mm	5	符合要求得分		
2	(11±0.05)mm	3	符合要求得分		
3	(80±0.5)mm	1	符合要求得分		
4	(R3、R6、R7)线轮廓度≤0.1mm	9	符合要求得分		
5	R14 线轮廓度≤0.1mm	6	符合要求得分		
6	平面度 0.08mm(7 处)	7	符合要求得分		
7	形面对称度 0.20mm	4	符合要求得分		
8	平行度 0.10mm	1	符合要求得分		
9	垂直度 0.10mm(4 处)	4	符合要求得分		
	活动钳身				
10	(40、35、31、28、20)mm±0.1mm	5	符合要求得分		
11	(15、5)mm±0.15mm	2	符合要求得分		
12	(11±0.2)mm	1	符合要求得分		
13	(R3、R5、R6、R7)线轮廓度≤0.1mm	12	符合要求得分		
14	平面度 0.08mm(2 处)	2	符合要求得分		
15	燕尾槽对称度 0.20mm	5	符合要求得分		
16	形面对称度 0.20mm	4	符合要求得分		
17	垂直度 0.10mm	1	符合要求得分		
	配合				
18	燕尾槽锉配质量(目测估判)	3	符合要求得分		
19	钳口配合间隙≤0.20mm	5	符合要求得分		
20	钳口面网纹清晰、整齐(2 处)	4	符合要求得分		
21	钻扩孔、攻套螺纹质量(目测估判)	5	符合要求得分		
22	丝杠螺旋副转动灵活	5	符合要求得分		
23	表面粗糙度 Ra≤3.2μm(总体目测估判)	4	符合要求得分		
24	工量刃具摆放合理	2	符合要求得分		
25	安全操作		违反一次由总分扣 5 分		

备注：

姓 名		工 号		日 期		教 师		总 分	

第 15 章   钳工技能考核试题

通过各钳工技能等级考核典型试题的练习，使学习者进一步提高锉配操作技能以及提高实际钳工工作水平，并为今后参加钳工技能等级考核作好充分准备。

15.1   初级工技能考核试题

15.1.1   单燕尾形体开口锉配

（1）考件图样　考件图样如图 15-1 所示。

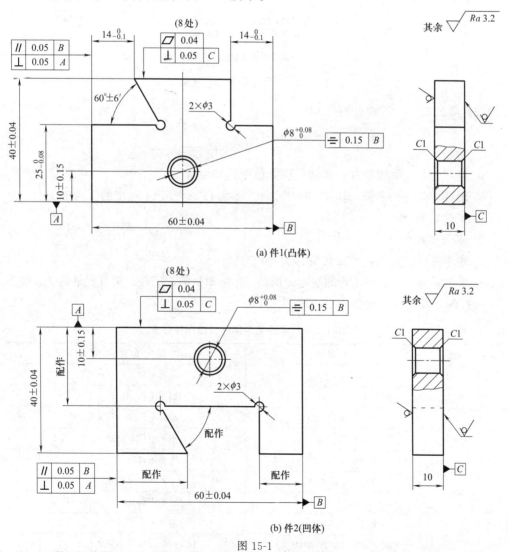

(a) 件1(凸体)

(b) 件2(凹体)

图 15-1

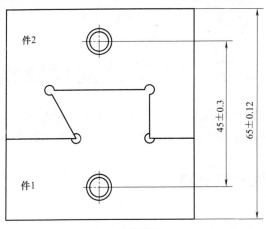

(c) 装配图

技术要求

1. 件1与件2配合间隙≤0.08mm。
2. 配合错位量≤0.30mm。
3. 锐角倒钝0.3×45°。
4. 不准使用砂布或油石打光加工面。

图 15-1　单燕尾形体开口锉配

（2）考件材料　考件材料为 Q235 钢。

（3）考核要求

① 考核内容。

a. 尺寸公差、形位公差、表面粗糙度值应达到要求。

b. 图样中未注公差按 GB/T 1804—2000 标准 IT12～IT14 规定的要求加工。

② 工时定额 6h。

③ 安全文明生产。

a. 能正确执行安全技术操作规程。

b. 能按企业有关文明生产的规定，做到工作场地整洁，工件、工具、量具摆放整齐。

（4）评分表　评分表如表 15-1 所示。

表 15-1　制作单燕尾形体开口锉配评分表

项目	序号	考核要求	配分	评定标准	实测记录	得分
件1	1	$(\phi 8^{+0.08}_{0})$mm	3	超差不得分		
	2	(40 ± 0.04)mm	3	超差不得分		
	3	(60 ± 0.04)mm	3	超差不得分		
	4	$(25^{0}_{-0.08})$mm	3	超差不得分		
	5	(10 ± 0.15)mm	2	超差不得分		
	6	$(14^{0}_{-0.1})$mm(2 处)	2×2	一处超差扣 2 分		
	7	$60°\pm6'$	8	超差不得分		
	8	对称度公差≤0.15mm	5	超差不得分		
	9	平面度公差≤0.04mm(8 处)	8×0.5	一处超差扣 0.5 分		

续表

项目	序号	考 核 要 求	配分	评 定 标 准	实测记录	得分
件 1	10	垂直度公差≤0.05mm(9 处)	9×0.5	一处超差扣 0.5 分		
	11	平行度公差≤0.05mm	2	超差不得分		
	12	表面粗糙度 Ra≤3.2μm(8 处)	8×0.5	一处超差扣 0.5 分		
件 2	13	($\phi 8^{+0.08}_{0}$)mm	3	超差不得分		
	14	(40±0.04)mm	3	超差不得分		
	15	(60±0.04)mm	3	超差不得分		
	16	(10±0.15)mm	2	超差不得分		
	17	对称度公差≤0.15mm	3	超差不得分		
	18	平面度公差≤0.04mm(8 处)	8×0.5	一处超差扣 0.5 分		
	19	垂直度公差≤0.05mm(9 处)	9×0.5	一处超差扣 0.5 分		
	20	平行度公差≤0.05mm	2	超差不得分		
	21	表面粗糙度 Ra≤3.2μm(8 处)	8×0.5	一处超差扣 0.5 分		
配合	22	(45±0.3)mm	3	超差不得分		
	23	(65±0.12)mm	3	超差不得分		
	24	配合间隙≤0.08mm(5 处)	5×2	一处超差扣 2 分		
	25	配合错位量≤0.30mm	4	超差不得分		
安全文明生产	26	1. 根据国家(或行业、企业)颁发的有关规定 2. 工、量、夹具与零件摆放合理 3. 场地整洁		由总得分中扣除,扣分不超过 10 分		
工时定额	27	6h	5	超差不得分		

15.1.2　五边形体封闭锉配

(1) 考件图样　考件图样如图 15-2 所示。

(2) 考件材料　考件材料为 Q235 钢。

(3) 考核要求

① 考核内容。

a. 尺寸公差、形位公差、表面粗糙度值应达到要求。

b. 图样中未注公差按 GB/T 1804—2000 标准 IT12～IT14 规定的要求加工。

② 工时定额 6h。

③ 安全文明生产。

a. 能正确执行安全技术操作规程。

b. 能按企业有关文明生产的规定,做到工作场地整洁,工件、工具、量具摆放整齐。

(4) 评分表　评分表如表 15-2 所示。

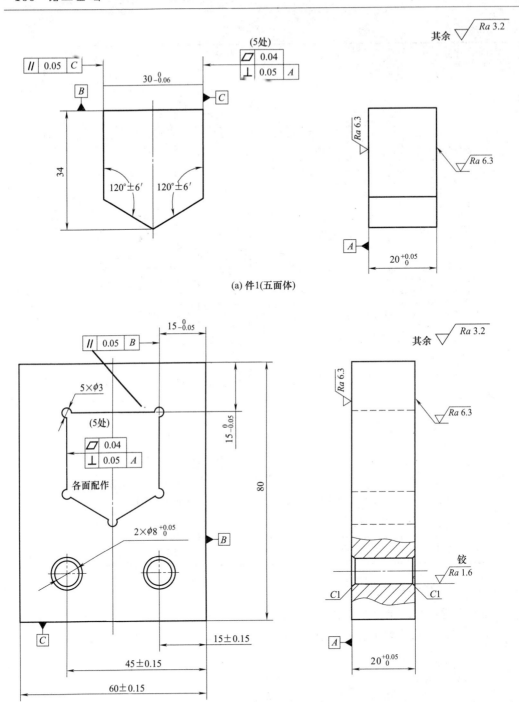

(a) 件1(五面体)

(b) 件2(五面孔板)

技术要求

1. 件1与件2配合间隙≤0.08mm。
2. 件1翻转180°换位配合间隙≤0.08mm。
3. 换位配合错位量≤0.30mm。
4. 锐角倒钝0.3×45°。
5. 不准使用砂布或油石打光加工面。

图 15-2 五边形体封闭锉配

表 15-2　五边形体封闭锉配评分表

项目	序号	考 核 要 求	配分	评 定 标 准	实测记录	得分
件 1	1	$(30_{-0.06}^{0})$mm	3	超差不得分		
	2	$(20_{0}^{+0.05})$mm	3	超差不得分		
	3	$120°±6'$（2 处）	$2×4$	一处超差扣 4 分		
	4	平面度公差≤0.04mm（5 处）	$5×1$	一处超差扣 1 分		
	5	垂直度公差≤0.05mm（5 处）	$5×1$	一处超差扣 1 分		
	6	平行度公差≤0.05mm	2	超差不得分		
	7	表面粗糙度 Ra≤3.2μm（5 处）	$5×1$	一处超差扣 1 分		
	8	表面粗糙度 Ra≤6.3μm（2 处）	$2×1$	一处超差扣 1 分		
件 2	9	$(\phi8_{0}^{+0.05})$mm（2 处）	$2×2$	超差不得分		
	10	$(20_{0}^{+0.05})$mm	3	超差不得分		
	11	$(15_{-0.05}^{0})$mm	3	超差不得分		
	12	$(15±0.15)$mm	3	超差不得分		
	13	$(45±0.15)$mm	3	超差不得分		
	14	$(60±0.15)$mm	3	超差不得分		
	15	平面度公差≤0.04mm（5 处）	$5×1$	一处超差扣 1 分		
	16	垂直度公差≤0.05mm（5 处）	$5×1$	一处超差扣 1 分		
	17	平行度公差≤0.05mm	2	超差不得分		
	18	表面粗糙度 Ra≤1.6μm（2 处）	$2×2$	一处超差扣 2 分		
	19	表面粗糙度 Ra≤3.2μm（9 处）	$9×1$	一处超差扣 2 分		
	20	表面粗糙度 Ra≤6.3μm（2 处）	$2×1$	一处超差扣 1 分		
配合	21	件 1、件 2 配合间隙≤0.08mm（5 处）	$5×1.5$	一处超差扣 1.5 分		
	22	件 1 翻转 180°换位配合间隙≤0.08mm（5 处）	$5×1.5$	一处超差扣 1.5 分		
	23	换位配合错位量≤0.30mm	2	超差不得分		
安全文明生产	24	1. 根据国家（或行业、企业）颁发的有关规定 2. 工、量、夹具与零件摆放合理 3. 场地整洁		由总分中扣除，扣分不超过 10 分		
工时定额	25	6h	4	超差不得分		

15.1.3　T 形体开口锉配

（1）考件图样　考件图样如图 15-3 所示。

（2）考件材料　考件材料为 Q235 钢。

（3）考核要求

① 考核内容。

a. 尺寸公差、形位公差、表面粗糙度值应达到要求。

b. 图样中未注公差按 GB/T 1804—2000 标准 IT12～IT14 规定的要求加工。

② 工时定额 6h。

③ 安全文明生产。

a. 能正确执行安全技术操作规程。

b. 能按企业有关文明生产的规定，做到工作场地整洁，工件、工具、量具摆放整齐。

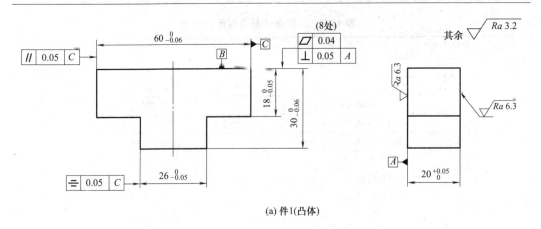

(a) 件1(凸体)

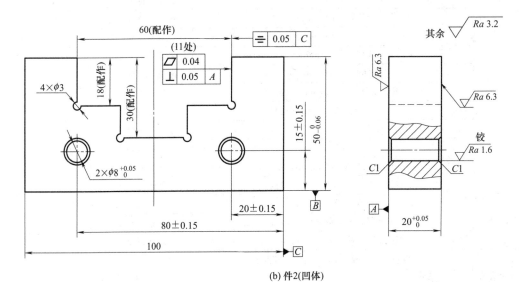

(b) 件2(凹体)

技术要求
1. 件1与件2配合间隙≤0.08mm。
2. 件1翻转180°换位配合间隙≤0.08mm。
3. 换位配合错位量≤0.30mm。
4. 锐角倒钝0.3×45°。
5. 不准使用砂布或油石打光加工面。

图 15-3　T形体开口锉配

（4）评分表　评分表如表15-3所示。

表 15-3　T形体开口锉配评分表

项目	序号	考 核 要 求	配分	评定标准	实测记录	得分
件1	1	$(60_{-0.06}^{0})$mm	3	超差不得分		
	2	$(30_{-0.06}^{0})$mm	3	超差不得分		
	3	$(26_{-0.05}^{0})$mm	3	超差不得分		
	4	$(18_{-0.05}^{0})$mm	3	超差不得分		
	5	$(20_{0}^{+0.05})$mm	3	超差不得分		
	6	平面度公差≤0.04mm(8处)	8×0.5	一处超差扣0.5分		

续表

项目	序号	考 核 要 求	配分	评 定 标 准	实测记录	得分
件 1	7	垂直度公差≤0.05mm(8 处)	8×0.5	一处超差扣 0.5 分		
	8	平行度公差≤0.05mm	3	超差不得分		
	9	对称度公差≤0.05mm	4	超差不得分		
	10	表面粗糙度 Ra≤3.2μm(8 处)	8×0.5	一处超差扣 0.5 分		
	11	表面粗糙度 Ra≤6.3μm(2 处)	2×0.5	一处超差扣 0.5 分		
件 2	12	($\phi 8^{+0.05}_{0}$)mm(2 处)	2×3	超差不得分		
	13	($20^{+0.05}_{0}$)mm	3	超差不得分		
	14	($50^{0}_{-0.06}$)mm	3	超差不得分		
	15	(15 ± 0.15)mm	3	超差不得分		
	16	(20 ± 0.15)mm	3	超差不得分		
	17	(80 ± 0.15)mm	3	超差不得分		
	18	平面度公差≤0.04mm(11 处)	11×0.5	一处超差扣 0.5 分		
	19	垂直度公差≤0.05mm(11 处)	11×0.5	一处超差扣 0.5 分		
	20	对称度公差≤0.05mm	4	超差不得分		
	21	表面粗糙度 Ra≤1.6μm(2 处)	2×0.5	一处超差扣 0.5 分		
	22	表面粗糙度 Ra≤3.2μm(11 处)	11×0.5	一处超差扣 0.5 分		
	23	表面粗糙度 Ra≤6.3μm(2 处)	2×0.5	一处超差扣 0.5 分		
配合	24	件 1、件 2 配合间隙≤0.08mm(7 处)	7×1	一处超差扣 1 分		
	25	件 1 翻转 180°换位配合间隙≤0.08mm(7 处)	7×1	一处超差扣 1 分		
	26	换位配合错位量≤0.30mm	2	超差不得分		
安全文明生产	27	1. 根据国家(或行业、企业)颁发的有关规定 2. 工、量、夹具与零件摆放合理 3. 场地整洁		由总得分中扣除,扣分不超过 10 分		
工时定额	28	6h	3.5	超差不得分		

15.2 中级工技能考核试题

15.2.1 十字形体封闭锉配

(1)考件图样 考件图样如图 15-4 所示。

(2)考件材料 考件材料为 Q235 钢。

(3)考核要求

① 考核内容。

a. 尺寸公差、形位公差、表面粗糙度值应达到要求。

b. 图样中未注公差按 GB/T 1804—2000 标准 IT12～IT14 规定的要求加工。

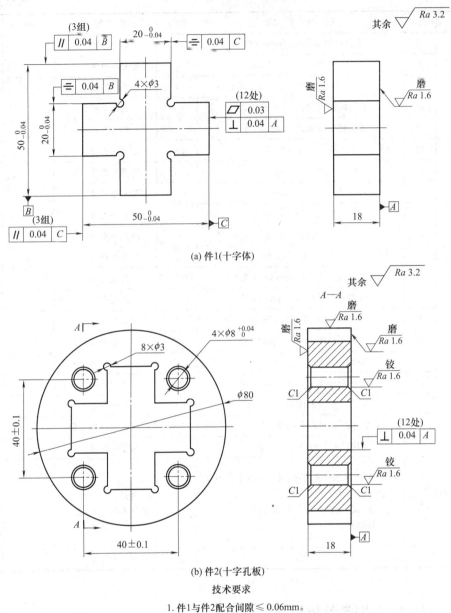

图 15-4 十字形体封闭锉配

② 工时定额 6h。

③ 安全文明生产。

a. 能正确执行安全技术操作规程。

b. 能按企业有关文明生产的规定，做到工作场地整洁，工件、工具、量具摆放整齐。

(4) 评分表 评分表如表 15-4 所示。

表 15-4　十字形体封闭锉配评分表

项目	序号	考 核 要 求	配分	评定标准	实测记录	得分
件 1	1	$(20_{-0.04}^{0})$mm(4 处)	4×2	一处超差扣 2 分		
	2	$(50_{-0.04}^{0})$mm(2 处)	2×2	一处超差扣 2 分		
	3	平面度公差≤0.03mm(12 处)	12×0.5	一处超差扣 0.5 分		
	4	垂直度公差≤0.04mm(12 处)	12×0.5	一处超差扣 0.5 分		
	5	平行度公差≤0.04mm(6 组)	6×0.5	一处超差扣 0.5 分		
	6	对称度公差≤0.04mm(4 处)	4×1	一处超差扣 1 分		
	7	表面粗糙度 Ra≤3.2μm(12 处)	12×0.5	一处超差扣 0.5 分		
件 2	8	$(\phi8_{0}^{+0.04})$mm(4 处)	4×2	一处超差扣 2 分		
	9	(40 ± 0.1)mm(4 处)	4×0.5	一处超差扣 0.5 分		
	10	垂直度公差≤0.04mm(12 处)	12×0.5	一处超差扣 0.5 分		
	11	表面粗糙度 Ra≤1.6μm(4 处)	4×0.5	一处超差扣 0.5 分		
	12	表面粗糙度 Ra≤3.2μm(12 处)	12×0.5	一处超差扣 0.5 分		
配合	13	件 1、件 2 配合间隙≤0.06mm(12 处)	12×1	一处超差扣 1 分		
	14	件 1 翻转 180°换位配合间隙≤0.06mm(12 处)	12×1	一处超差扣 1 分		
	15	件 1 旋转 3 次换位配合间隙≤0.06mm	12×1	一处超差扣 1 分		
安全文明生产	16	1. 根据国家(或行业、企业)颁发的有关规定 2. 工、量、夹具与零件摆放合理 3. 场地整洁		由总得分中扣除，扣分不超过 10 分		
工时定额	17	6h	3	超差不得分		

15. 2. 2　等六边形体封闭锉配

(1) 考件图样　考件图样如图 15-5 所示。

(2) 考件材料　考件材料为 Q235 钢。

(3) 考核要求

① 考核内容。

a. 尺寸公差、形位公差、表面粗糙度值应达到要求。

b. 图样中未注公差按 GB/T 1804—2000 标准 IT12～IT14 规定的要求加工。

② 工时定额 6h。

③ 安全文明生产。

a. 能正确执行安全技术操作规程。

b. 能按企业有关文明生产的规定，做到工作场地整洁，工件、工具、量具摆放整齐。

(4) 评分表　评分表如表 15-5 所示。

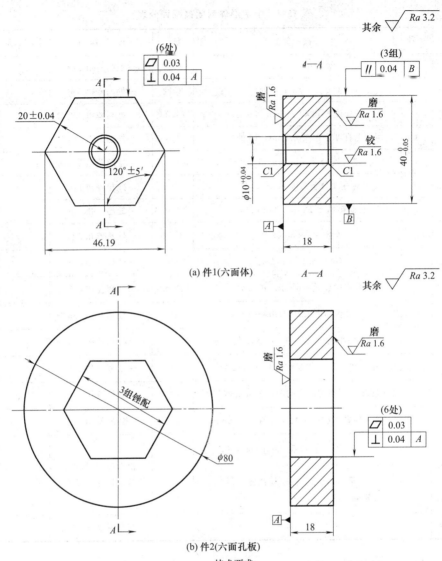

(a) 件1(六面体)

(b) 件2(六面孔板)

技术要求

1. 件1与件2配合间隙≤0.06mm。
2. 件1翻转180°换位配合间隙≤0.06mm。
3. 件1旋转5次换位配合间隙≤0.06mm。
4. 锐角倒钝0.3×45°。
5. 不准使用砂布或油石打光加工面。

图 15-5　等六边形体封闭锉配

表 15-5　等六边形体封闭锉配评分表

项目	序号	考 核 要 求	配分	评 定 标 准	实测记录	得分
件 1	1	(20 ± 0.04)mm(6 处)	6×1	一处超差扣 1 分		
	2	$(40_{-0.05}^{0})$mm(3 组)	3×2	一处超差扣 2 分		
	3	$(\phi10_{0}^{+0.04})$mm	2	超差不得分		
	4	$120°\pm5'$(6 处)	6×4	一处超差扣 4 分		
	5	平面度公差≤0.03mm(6 处)	12×0.5	一处超差扣 0.5 分		

续表

项目	序号	考 核 要 求	配分	评 定 标 准	实测记录	得分
件 1	6	垂直度公差≤0.04mm(6 处)	12×0.5	一处超差扣 0.5 分		
	7	平行度公差≤0.04mm(3 组)	6×0.5	一处超差扣 0.5 分		
	8	表面粗糙度 Ra≤3.2μm(6 处)	12×0.5	一处超差扣 0.5 分		
	9	表面粗糙度 Ra≤1.6μm(3 处)	2	超差不得分		
件 2	10	平面度公差≤0.03mm(6 处)	12×0.5	一处超差扣 0.5 分		
	11	垂直度公差≤0.04mm(6 处)	12×0.5	一处超差扣 0.5 分		
	12	表面粗糙度 Ra≤3.2μm(6 处)	12×0.5	一处超差扣 0.5 分		
配合	13	件 1、件 2 配合间隙≤0.06mm(6 处)	12×0.5	一处超差扣 0.5 分		
	14	件 1 翻转 180°换位配合间隙≤0.06mm(6 处)	12×0.5	一处超差扣 0.5 分		
	15	件 1 旋转 5 次换位配合间隙≤0.06mm	12×0.5	一处超差扣 0.5 分		
安全文明生产	16	1. 根据国家(或行业、企业)颁发的有关规定 2. 工、量、夹具与零件摆放合理 3. 场地整沽		由总得分中扣除,扣分不超过 10 分		
工时定额	17	6h	3	超差不得分		

15.2.3 45°凸凹形体封闭锉配

(1) 考件图样　考件图样如图 15-6 所示。

(2) 考件材料　考件材料为 45 钢。

(3) 考核要求

① 考核内容。

a. 尺寸公差、形位公差、表面粗糙度值应达到要求。

b. 图样中未注公差按 GB/T 1804—2000 标准 IT12～IT14 规定的要求加工。

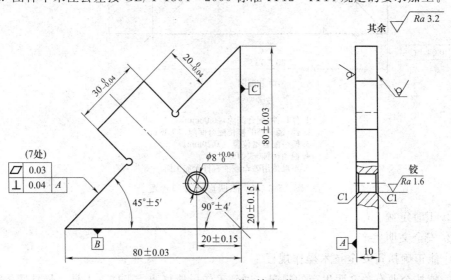

(a) 件1(斜面凸体)

图 15-6

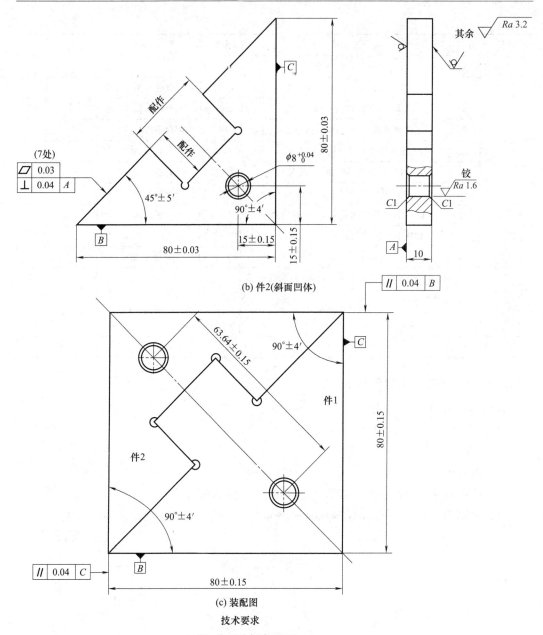

(b) 件2(斜面凹体)

(c) 装配图

技术要求

1. 件1、件2配合间隙≤0.06mm。
2. 件1翻转180°换位配合间隙≤0.06mm。
3. 换位配合错位量≤0.20mm。
4. 锐角倒钝0.3×45°。
5. 不准使用砂布或油石打光加工面。

图 15-6　45°凸凹形体开口锉配

② 工时定额 6h。

③ 安全文明生产。

a. 能正确执行安全技术操作规程。

b. 能按企业有关文明生产的规定，做到工作场地整洁，工件、工具、量具摆放整齐。

（4）评分表　评分表如表 15-6 所示。

表 15-6　45°凸凹形体开口锉配评分表

项目	序号	考 核 要 求	配分	评 定 标 准	实测记录	得分
件 1	1	(20 ± 0.15)mm(2 处)	2×1	一处超差扣 1 分		
	2	(80 ± 0.03)mm(2 处)	2×2	一处超差扣 2 分		
	3	$(30_{-0.04}^{0})$mm	3	超差不得分		
	4	$(20_{-0.04}^{0})$mm(2 处)	2×4	一处超差扣 4 分		
	5	$(\phi8_{0}^{+0.04})$mm	2	超差不得分		
	6	$90°\pm4'$	3	超差不得分		
	7	$45°\pm5'$(2 处)	2×3	一处超差扣 3 分		
	8	平面度公差≤0.03mm(7 处)	7×0.5	一处超差扣 0.5 分		
	9	垂直度公差≤0.04mm(7 处)	7×0.5	一处超差扣 0.5 分		
	10	表面粗糙度 Ra≤3.2μm(7 处)	7×0.5	一处超差扣 0.5 分		
	11	表面粗糙度 Ra≤1.6μm	1	超差不得分		
件 2	12	(15 ± 0.15)mm(2 处)	2×1	一处超差扣 1 分		
	13	(80 ± 0.03)mm(2 处)	2×2	一处超差扣 2 分		
	14	$45°\pm5'$(2 处)	2×3	一处超差扣 3 分		
	15	$(\phi8_{0}^{+0.04})$mm	2	超差不得分		
	16	平面度公差≤0.03mm(7 处)	7×0.5	一处超差扣 0.5 分		
	17	垂直度公差≤0.04mm(7 处)	7×0.5	一处超差扣 0.5 分		
	18	表面粗糙度 Ra≤3.2μm(7 处)	7×0.5	一处超差扣 0.5 分		
	19	表面粗糙度 Ra≤1.6μm	1	超差不得分		
配合	20	(80 ± 0.15)mm(2 处)	2×2	一处超差扣 2 分		
	21	(63.64 ± 0.15)mm	3	超差不得分		
	22	$90°\pm4'$(2 处)	2×3	一处超差扣 3 分		
	23	配合间隙≤0.06mm(5 处)	5×1	一处超差扣 1 分		
	24	件 1 翻转 180°换位配合间隙≤0.06mm(5 处)	5×1	一处超差扣 1 分		
	25	换位配合错位量≤0.20mm	3	超差不得分		
	26	平行度公差≤0.04mm(2 组)	2×3	一处超差扣 3 分		
安全文明生产	27	1. 根据国家(或行业、企业)颁发的有关规定 2. 工、量、夹具与零件摆放合理 3. 场地整洁		由总得分中扣除,扣分不超过 10 分		
工时定额	28	6h	3	超差不得分		

15.3　高级工技能考核试题

15.3.1　三角扇形体封闭锉配

(1) 考件图样　考件图样如图 15-7 所示。

(2) 考件材料　考件材料为 45 钢。

(3) 考核要求

① 考核内容。

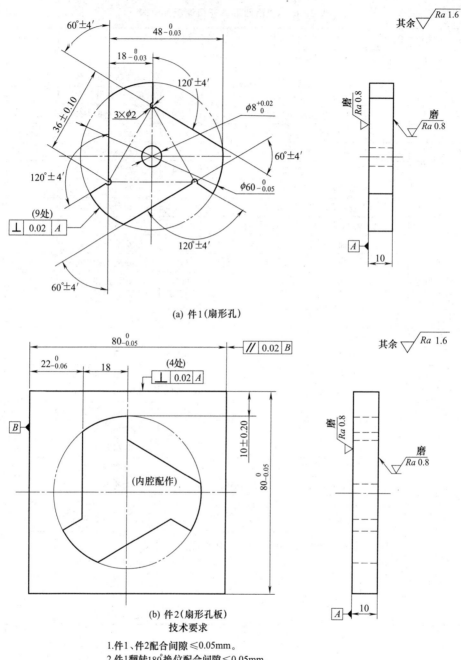

(a) 件1(扇形孔)

(b) 件2(扇形孔板)

技术要求

1. 件1、件2配合间隙≤0.05mm。
2. 件1翻转180°换位配合间隙≤0.05mm。
3. 件1旋转2次换位配合间隙≤0.08mm。
4. 锐角倒钝0.2×45°。
5. 不准使用砂布或油石打光加工面。

图 15-7　三角扇形体封闭锉配

a. 尺寸公差、形位公差、表面粗糙度值应达到要求。

b. 图样中未注公差按 GB/T 1804—2000 标准 IT12～IT14 规定的要求加工。

② 工时定额 7h。

③ 安全文明生产。

a. 能正确执行安全技术操作规程。

b. 能按企业有关文明生产的规定，做到工作场地整洁，工件、工具、量具摆放整齐。

（4）评分表　评分表如表 15-7 所示。

表 15-7　锉配评分表

项目	序号	考 核 要 求	配分	评定标准	实测记录	得分
件 1	1	$(\phi 8^{+0.02}_{0})$mm	1	超差不得分		
	2	$(18^{0}_{-0.03})$mm(3 处)	3×2	一处超差扣 2 分		
	3	$(48^{0}_{-0.03})$mm(3 处)	3×2	一处超差扣 2 分		
	4	$120°±4'$(3 处)	3×4	一处超差扣 4 分		
	5	$60°±4'$(3 处)	3×4	一处超差扣 4 分		
	6	垂直度公差≤0.02mm(9 处)	9×0.5	一处超差扣 0.5 分		
	7	表面粗糙度 Ra≤1.6μm(9 处)	9×0.5	一处超差扣 0.5 分		
件 2	8	$(80^{0}_{-0.05})$mm(2 处)	2×1	一处超差扣 1 分		
	9	$(22^{0}_{-0.06})$mm	1	超差不得分		
	10	垂直度公差≤0.02mm(4 处)	4×0.5	一处超差扣 1 分		
	11	平行度公差≤0.02mm	2×1	一处超差扣 1 分		
	12	表面粗糙度 Ra≤1.6μm(13 处)	13×0.5	一处超差扣 0.5 分		
配合	13	配合间隙≤0.05mm(9 处)	9×1	一处超差扣 1 分		
	14	件 1 翻转 180°换位配合间隙≤0.05mm	9×1	一处超差扣 1 分		
	15	件 1 旋转 2 次换位配合间隙≤0.08mm(18 处)	18×1	一处超差扣 1 分		
安全文明生产	16	1. 根据国家(或行业、企业)颁发的有关规定 2. 工、量、夹具与零件摆放合理 3. 场地整洁		由总得分中扣除,扣分不超过 10 分		
工时定额	17	6h	4.5	超差不得分		

15.3.2　三角燕尾形体开口锉配

（1）考件图样　考件图样如图 15-8 所示。

（2）考件材料　考件材料为 45 钢。

（3）考核要求

① 考核内容。

a. 尺寸公差、形位公差、表面粗糙度值应达到要求。

b. 图样中未注公差按 GB/T 1804—2000 标准 IT12～IT14 规定的要求加工。

② 工时定额 7h。

③ 安全文明生产。

a. 能正确执行安全技术操作规程。

b. 能按企业有关文明生产的规定，做到工作场地整洁，工件、工具、量具摆放整齐。

（4）评分表　评分表如表 15-8 所示。

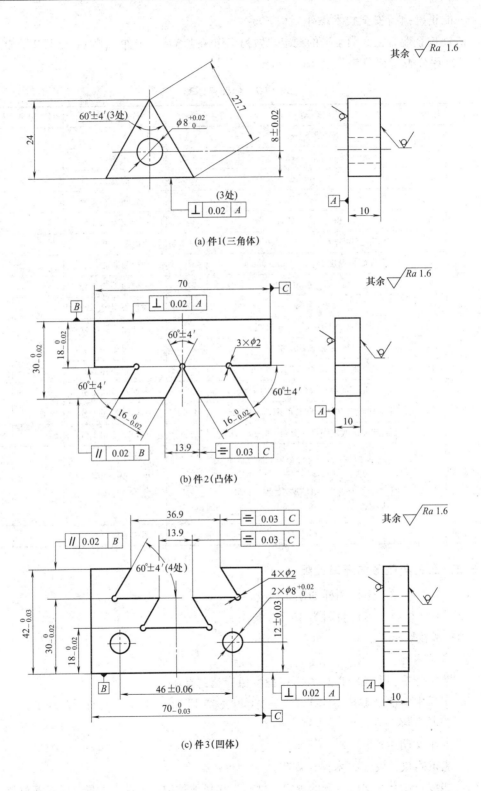

(a) 件1(三角体)

(b) 件2(凸体)

(c) 件3(凹体)

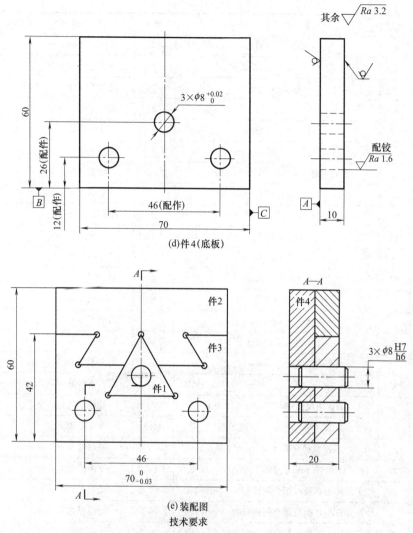

(d)件4(底板)

(e)装配图

技术要求

1. 件1、件2、件3配合间隙≤0.05mm。
2. 件1翻转180°换位配合间隙≤0.05mm。
3. 件1旋转2次换位配合间隙≤0.05mm。
4. 件3翻转180°换位配合间隙≤0.05mm。
5. 件1、件3、件4以ϕ8定位销用手推入配合。
6. 锐角倒钝0.2×45°。
7. 不准使用砂布或油石打光加工面。

图 15-8　三角燕尾形体开口锉配

表 15-8　三角燕尾形体开口锉配评分表

项目	序号	考 核 要 求	配分	评 定 标 准	实测记录	得分
件1	1	$(\phi 8^{+0.02}_{0})$mm	1	超差不得分		
	2	$60°\pm4'$(3 处)	3×3	一处超差扣 1 分		
	3	(8 ± 0.02)mm(3 处)	3×2	一处超差扣 1 分		
	4	垂直度公差≤0.02mm(3 处)	3×1	一处超差扣 1 分		
	5	表面粗糙度 Ra≤1.6μm(3 处)	3×0.5	一处超差扣 1 分		

项目	序号	考 核 要 求	配分	评 定 标 准	实测记录	得分
件2	6	$60°\pm4'$（3处）	3×3	一处超差扣1分		
	7	$(16_{-0.02}^{0})$mm（2处）	2×2	一处超差扣1分		
	8	$(18_{-0.02}^{0})$mm	2	超差不得分		
	9	$(30_{-0.02}^{0})$mm	2	超差不得分		
	10	对称度≤0.03mm	2	超差不得分		
	11	平行度公差≤0.02mm	2	超差不得分		
件3	12	对称度公差≤0.03mm（2处）	2×2	一处超差扣1分		
	13	垂直度公差≤0.02mm	2	超差不得分		
	14	平行度公差≤0.02mm	2	超差不得分		
	15	$60°\pm4'$（4处）	4×3	一处超差扣1分		
	16	$(\phi8_{0}^{+0.02})$mm（2处）	2×1	一处超差扣1分		
	17	$(18_{-0.02}^{0})$mm	2	超差不得分		
	18	(12 ± 0.03)mm（2处）	2×1	一处超差扣1分		
	19	(46 ± 0.06)mm	1	超差不得分		
	20	$(30_{-0.02}^{0})$mm	1	超差不得分		
	21	$(42_{-0.03}^{0})$mm	1	超差不得分		
	22	$(70_{-0.03}^{0})$mm	1	超差不得分		
	23	表面粗糙度 $Ra\leqslant1.6\mu$m（12处）	0.5	一处超差扣0.5分		
件4	24	$(\phi8_{0}^{+0.02})$mm（3处）	3×1	一处超差扣1分		
	25	表面粗糙度 $Ra\leqslant1.6\mu$m（3处）	3×0.5	一处超差扣0.5分		
配合	26	件1、件2、件3配合间隙≤0.05mm（11处）	11×0.5	一处超差扣0.5分		
	27	件1翻转180°换位配合间隙≤0.05mm（3处）	3×0.5	一处超差扣0.5分		
	28	件3翻转180°换位配合间隙≤0.05mm（9处）	9×0.5	一处超差扣0.5分		
	29	件1旋转2次换位配合间隙≤0.05mm（6处）	6×0.5	一处超差扣0.5分		
	30	件1、件3、件4以 $\phi8$ 定位销 用手推入配合（3处）	3×0.5	一处不能配入扣0.5分		
安全文明生产	31	1. 根据国家（或行业、企业）颁发的有关规定 2. 工、量、夹具与零件摆放合理 3. 场地整洁		由总得分中扣除，扣分不超过10分		
工时定额	32	7h	2	超差不得分		

15.3.3 简单太极八卦形体封闭锉配

（1）考件图样　考件图样如图 15-9 所示。

（2）考件材料　考件材料为 45 钢。

（3）考核要求

① 考核内容。

a. 尺寸公差、形位公差、表面粗糙度值应达到要求。

b. 图样中未注公差按 GB/T 1804—2000 标准 IT12～IT14 规定的要求加工。

② 工时定额 8h。

③ 安全文明生产。

a. 能正确执行安全技术操作规程。

b. 能按企业有关文明生产的规定，做到工作场地整洁，工件、工具、量具摆放整齐。

(4) 评分表　评分表如表 15-9 所示。

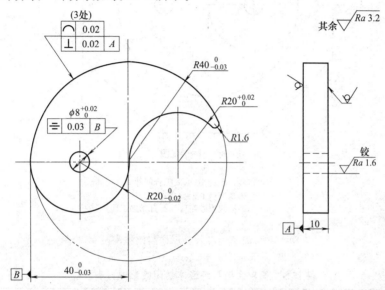

(a) 件1、件2(件1与件2称为阴阳鱼，即阴鱼、阳鱼的尺寸以及技术要求相同；φ8孔为鱼眼)

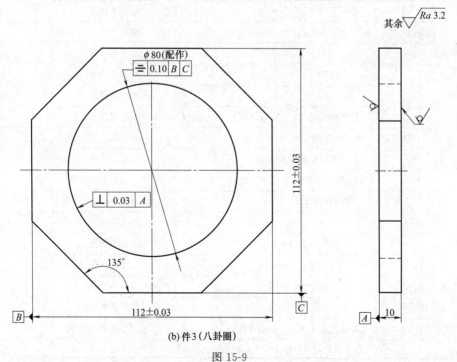

(b) 件3(八卦圈)

图 15-9

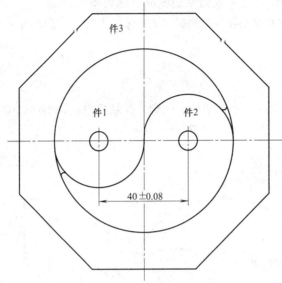

(c) 件1、件2、件3装配图

技术要求

1. 件1、件2、件3曲面配合间隙≤0.10mm。
2. 锐角倒钝 0.2×45°。
3. 不准使用砂布或油石打光加工面。

图 15-9   简单太极八卦形体封闭锉配

表 15-9   简单太极八卦形体封闭锉配评分表

项目	序号	考 核 要 求	配分	评定标准	实测记录	得分
件1	1	$(\phi 8^{+0.02}_{0})$mm	1	超差不得分		
	2	$(40^{0}_{-0.03})$mm	3	超差不得分		
	3	$(R40^{0}_{-0.03})$mm	3	超差不得分		
	4	$(R20^{0}_{-0.02})$mm	3	超差不得分		
	5	$(R20^{+0.02}_{0})$mm	3	超差不得分		
	6	线轮廓度公差≤0.02mm(3 处)	3×4	一处超差扣 1 分		
	7	垂直度公差≤0.02mm(3 处)	3×1	一处超差扣 1 分		
	8	对称度公差≤0.03mm	3	超差不得分		
	9	表面粗糙度 Ra≤3.2μm(3 处)	3×0.5	一处超差扣 1 分		
	10	表面粗糙度 Ra≤1.6μm	0.5	超差不得分		
件2	11	$(\phi 8^{+0.02}_{0})$mm	1	超差不得分		
	12	$(40^{0}_{-0.03})$mm	3	超差不得分		
	13	$(R40^{0}_{-0.03})$mm	3	超差不得分		
	14	$(R20^{0}_{-0.02})$mm	3	超差不得分		
	15	$(R20^{+0.02}_{0})$mm	3	超差不得分		
	16	线轮廓度公差≤0.02mm(3 处)	3×4	一处超差扣 1 分		
	17	垂直度公差≤0.02mm(3 处)	3×1	一处超差扣 1 分		

项目	序号	考 核 要 求	配分	评 定 标 准	实测记录	得分
件 2	18	对称度公差≤0.03mm	3	超差不得分		
	19	表面粗糙度 Ra≤3.2μm(3 处)	3×0.5	一处超差扣 1 分		
	20	表面粗糙度 Ra≤1.6μm	0.5	超差不得分		
件 3	21	(112±0.03)mm(4 处)	4×1	一处超差扣 1 分		
	22	对称度公差≤0.10mm(2 处)	2×3	一处超差扣 1 分		
	23	垂直度公差≤0.02mm	2	超差不得分		
	24	表面粗糙度 Ra≤3.2μm(9 处)	9×0.5	一处超差扣 0.5 分		
配合	25	(40±0.08)mm	3	超差不得分		
	26	件 1、件 2、件 3 配合间隙≤0.10mm(4 处)	4×3	一处超差扣 1 分		

参 考 文 献

[1] 金禧德，王志海. 金工实习. 北京：高等教育出版社，2001.

[2] 何建明. 钳工操作技术与窍门. 北京：机械工业出版社，2006.

[3] 蒋增福. 钳工工艺与技能训练. 北京：中国劳动社会保障出版社，2001.

[4] 谢增明. 钳工技能训练，第 4 版. 北京：中国劳动社会保障出版社，2005.

[5] 吴清. 钳工基础技术. 北京：清华大学出版社，2011.

[6] 吴清. 钳工基础技术实训习题集. 北京：清华大学出版社，2011.

[7] 吴清. 公差配合与检测. 北京：清华大学出版社，2013.

[8] 童永华，冯忠伟. 钳工技能实训. 北京：北京理工大学出版社，2006.

[9] 孙庚午. 钳工. 郑州：河南科学技术出版社，2007.

[10] 卢开国. 钳工. 北京：中国环境科学出版社，2006.

[11] 尤祖源. 钳工实习与考级. 北京：高等教育出版社，1997.

[12] 徐再贵，张剑锋. 钳工入门. 北京：化学工业出版社，2009.

[13] 解景浦，郝宏伟. 钳工技能训练. 青岛：中国海洋大学出版社，2011.

[14] 张翼. 钳工实训指导. 哈尔滨：哈尔滨工程大学出版社，2007.

[15] 黄涛勋. 钳工（初级）. 北京：机械工业出版社，2007.

[16] 黄志远. 钳工. 北京：化学工业出版社，2006.

[17] 姜银方，王宏宇. 机械制造技术基础实训. 北京：化学工业出版社，2007.

[18] 韩春鸣. 机械制造基础工程实训. 北京：化学工业出版社，2007.

[19] 李云. 机械制造实训指导. 北京：机械工业出版社，2003.